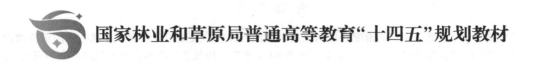
国家林业和草原局普通高等教育"十四五"规划教材

作物栽培学实验指导

任小龙 主编

中国林业出版社
China Forestry Publishing House

内 容 简 介

作物栽培学实验既是一门紧密配合作物栽培学理论的课程，又是相对独立、自成一体的实验课程。本教材围绕"看–识–鉴–训"4个方面共设置了6章47个实验，涉及了作物形态特征观察及类型识别、作物生育动态观测与田间观察、作物生长分析、作物产量测定及室内考种、作物产品品质分析、作物生产技术等内容，有助于加深学生对作物栽培学课程基础理论、基本知识的理解。

本教材适合高等农业院校的农学、植物科学与技术、种子科学与工程等植物生产类本专科学生使用，也可供作物栽培学与耕作学专业的研究生及农业相关的管理人员和技术人员参考。

图书在版编目（CIP）数据

作物栽培学实验指导／任小龙主编．—北京：中国林业出版社，2023.12
国家林业和草原局普通高等教育"十四五"规划教材
ISBN 978-7-5219-2418-3

Ⅰ.①作… Ⅱ.①任… Ⅲ.①作物–栽培技术–实验–高等学校–教学参考资料 Ⅳ.①S31-33

中国版本图书馆 CIP 数据核字（2023）第 210105 号

策划、责任编辑：范立鹏
责任校对：苏　梅
封面设计：周周设计局

出版发行：中国林业出版社
　　　　　（100009，北京市西城区刘海胡同7号，电话 010-83143626）
电子邮箱：cfphzbs@163.com
网　址：www.forestry.gov.cn/lycb.html
印　刷：北京中科印刷有限公司
版　次：2023年12月第1版
印　次：2023年12月第1次
开　本：787mm×1092mm　1/16
印　张：10.875
字　数：260千字
定　价：46.00元

版权所有　翻印必究

《作物栽培学实验指导》编写人员

主　　编： 任小龙

副 主 编： 张　鹏　陈小莉

编写人员：（按姓氏笔划排序）

　　　　　　王　瑞（西北农林科技大学）

　　　　　　石晓华（内蒙古农业大学）

　　　　　　任小龙（西北农林科技大学）

　　　　　　任佰朝（山东农业大学）

　　　　　　刘铁宁（西北农林科技大学）

　　　　　　张　鹏（西北农林科技大学）

　　　　　　张亚黎（石河子大学）

　　　　　　陈小莉（西北农林科技大学）

　　　　　　周宇飞（沈阳农业大学）

　　　　　　赵　强（新疆农业大学）

　　　　　　侯贤清（宁夏大学）

　　　　　　高玉红（甘肃农业大学）

　　　　　　黄　镇（西北农林科技大学）

　　　　　　曹　宏（陇东学院）

　　　　　　蔡　铁（西北农林科技大学）

前　言

作物栽培学是一门实践性很强的课程。学习本门课程的学生，其动手能力、综合分析能力和创新能力的培养主要依靠实验教学来完成。作物栽培学实验既是作物栽培学教学的重要组成部分，也是相对独立、自成一体的实验课程。

教育部2022年下发的《关于加快新农科建设推进高等农林教育创新发展的意见》中特别强调，要建设高水平实践教学基地，尤其要建设一批综合性共享实践教学基地，集成优化实践教学资源，系统构建农林院校优质实践教学平台，打造一批核心实践项目。作物栽培学实验作为农学、种子科学与工程、植物科学与技术专业作物学相关理论与实践衔接的关键环节，是建设高水平实践教学基地的课程基础。本教材的编写便是基于以上教学、课程建设及人才培养要求，通过对现有作物栽培学实验教学资料和内容进一步梳理、凝练和总结，针对培养方案主要内容进行聚焦，对实验方法进行改进，旨在构建以实验技能训练为基础、以探究性实验为核心、以培养学生科研创新能力和激发学生的学习兴趣为目标的作物栽培学实验课程。

作物栽培学实验内容庞杂，涉及的作物和实验方法繁多。为促进以学生为中心的个性化教学，实现价值塑造、能力培养、知识传授"三位一体"的人才培养，本教材在充分考虑实际教学课时数有限的前提下，梳理凝练实验内容，既保留了大量作物的经典实验以加深和强化学生对作物的认知，又开设综合性实验来提高学生农业知识的系统性，锻炼学生的创新性思维和能力。本教材围绕"看-识-鉴-训"4个方面，涵盖了小麦、玉米、水稻、马铃薯、棉花、甘薯、大豆、高粱、烟草、麻类等10余种作物，主要涉及作物形态特征观察及类型识别、作物生育动态观测与田间诊断、作物生长分析、作物产量测定及室内考种、作物产品品质分析和作物生产技术等6章内容。第1章主要介绍10种作物品种间形态的特征性差异；第2章追溯小麦、玉米、水稻、棉花、油菜田间主要生育期的动态特征；第3章学习测定作物株高、叶面积、干物质、光合特性、叶绿素、根系活力等生长特性的基本原理和方法；第4章进行基本的考种训练，学会分析产量构成因素对产量的影响；第5章学习对不同作物的品质特性进行分析，熟练掌握薯类作物淀粉测定和油料作物芥酸和硫代葡萄糖苷含量测定的基本原理和实验方法；第6章结合现代农业机械对作物生产技术进行详细介绍。本教材紧扣区域特点，融入谷子、高粱、荞麦等旱区分布较多的杂粮作物，体现了北方旱区作物栽培特色。教材内容全面系统、形式生动多样、方法新颖独特。本实验教材的编写和出版，有利于学生掌握作物调查、诊断、测产等基本技能，培养和提高学生解决和分析作物生产中实际问题的能力，使学生得到科学研究的初步训练，为学生今后独立设计实验方案，开展科学研究，撰写课程研究论文打下坚实的基础。

  本教材由任小龙担任主编，张鹏和陈小莉担任副主编，蔡铁、王瑞、石晓华、任佰朝、张亚黎、刘铁宁、黄镇、周宇飞、侯贤清、高玉红、曹宏、赵强参与编写。在本教材编写和出版过程中，西北农林科技大学教务处张应辉老师做了大量的协调工作，在此一并表示感谢。

  教材编写过程中，我们虽然尽了最大的努力，但是，由于水平所限，定有不妥之处，恳请各位同仁不吝赐教。

编　者

2023.5.20 于陕西杨凌

目　录

前　言

第1章　作物形态特征观察及类型识别 ··· 1
实验1-1　麦类作物形态特征观察及类型识别 ································ 1
实验1-2　玉米形态特征观察及类型识别 ······································ 6
实验1-3　水稻形态特征观察及类型识别 ···································· 11
实验1-4　马铃薯、甘薯形态特征观察及类型识别 ·························· 17
实验1-5　油菜形态特征观察及类型识别 ···································· 22
实验1-6　大豆形态特征观察及类型识别 ···································· 26
实验1-7　棉花形态特征观察及类型识别 ···································· 29
实验1-8　高粱形态特征观察及类型识别 ···································· 35
实验1-9　烟草形态特征及主要类型识别 ···································· 38
实验1-10　亚麻形态特征观察及类型识别 ··································· 41

第2章　作物生育动态观测与田间诊断 ······································· 45
实验2-1　小麦种子发芽特征观察 ··· 45
实验2-2　小麦分蘖特性观察 ·· 47
实验2-3　小麦幼穗分化的观察 ·· 50
实验2-4　小麦各生育期田间诊断 ··· 53
实验2-5　玉米种子发芽特征观察 ··· 55
实验2-6　玉米穗分化过程观察 ·· 58
实验2-7　玉米各生育时期田间诊断 ··· 62
实验2-8　水稻种子发芽特征观察 ··· 64
实验2-9　水稻穗分化过程观察 ·· 67
实验2-10　水稻各生育时期田间诊断 ·· 72
实验2-11　棉花各生育时期田间诊断 ·· 75
实验2-12　油菜各生育时期田间观察 ·· 78

第3章　作物生长分析 ··· 81
实验3-1　作物株高、叶面积测定 ··· 81
实验3-2　作物干物质积累动态与定量分析 ································· 83
实验3-3　作物光合作用测定 ·· 85

实验 3-4　叶绿素含量和叶绿素荧光的测定 …………………………………………… 87
实验 3-5　作物根系活力测定 …………………………………………………………… 89

第 4 章　作物产量测定及室内考种 …………………………………………………… 91
实验 4-1　小麦产量测定与室内考种 …………………………………………………… 91
实验 4-2　玉米产量测定与室内考种 …………………………………………………… 93
实验 4-3　水稻产量测定与室内考种 …………………………………………………… 95
实验 4-4　薯类产量测定与室内考种 …………………………………………………… 99
实验 4-5　油菜产量测定与室内考种 …………………………………………………… 101
实验 4-6　大豆产量测定与室内考种 …………………………………………………… 104
实验 4-7　棉花产量测定与室内考种 …………………………………………………… 107
实验 4-8　高粱产量测定与室内考种 …………………………………………………… 110
实验 4-9　烟草产量测定与室内考种 …………………………………………………… 113
实验 4-10　亚麻产量测定与室内考种 ………………………………………………… 116

第 5 章　作物产品品质分析 …………………………………………………………… 119
实验 5-1　小麦籽粒品质分析 …………………………………………………………… 119
实验 5-2　稻米品质分析 ………………………………………………………………… 122
实验 5-3　薯类（甘薯、马铃薯）块茎中淀粉含量测定 ……………………………… 126
实验 5-4　高粱籽粒品质分析 …………………………………………………………… 130
实验 5-5　棉纤维品质分析 ……………………………………………………………… 135
实验 5-6　油料作物芥酸和硫代葡萄糖甙含量的测定 ………………………………… 140

第 6 章　作物生产技术 ………………………………………………………………… 142
实验 6-1　小麦播种技术 ………………………………………………………………… 142
实验 6-2　玉米播种技术 ………………………………………………………………… 144
实验 6-3　水稻育秧与秧苗诊断 ………………………………………………………… 146
实验 6-4　棉花育苗移栽技术 …………………………………………………………… 149
实验 6-5　棉花化学调控 ………………………………………………………………… 152
实验 6-6　大豆播种技术 ………………………………………………………………… 154
实验 6-7　油菜播种技术 ………………………………………………………………… 156
实验 6-8　马铃薯催芽与播种技术 ……………………………………………………… 159
实验 6-9　油用亚麻播种技术 …………………………………………………………… 162

参考文献 ………………………………………………………………………………… 165

第1章

作物形态特征观察及类型识别

实验 1-1 麦类作物形态特征观察及类型识别

【实验目的】

1. 掌握 4 种麦类作物的形态结构特点。
2. 了解 4 种麦类作物的主要形态区别。

【内容与原理】

本实验的主要内容是观察 4 种麦类作物叶、穗、籽粒形态，比较异同点。

1. 小麦

小麦属（*Triticum*），主要为普通六倍体小麦种（*T. aestivum*）。须根系，分为初生根（种子根/胚根发育而来）和次生根（节/分蘖节上发生的根）两种（图 1-1、图 1-2）。茎秆细且直立，圆筒形，有弹性，具抗倒伏作用，茎基部地下茎节可发生分蘖（图 1-3）。

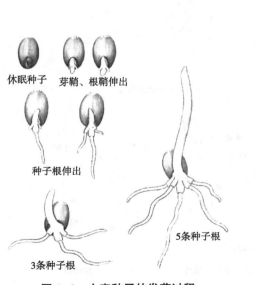

图 1-1 小麦种子的发芽过程

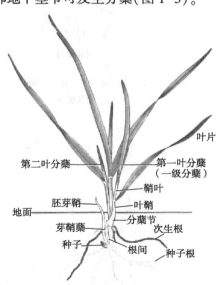

图 1-2 小麦幼苗的构造

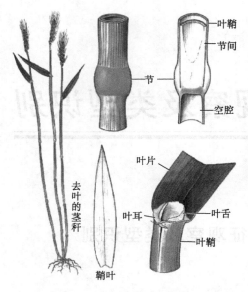

图 1-3 小麦的茎秆和叶的构造

小麦叶片出现的先后顺序为：胚芽鞘、真叶、分蘖先出叶（分蘖鞘叶）、颖壳等。真叶由叶片、叶鞘、叶舌和叶耳构成（图 1-3）。拔节前基部所生真叶称为近根叶；拔节后，真叶叶鞘较长，包住茎秆节间，称为抱茎叶；最后一叶形如剑状，称为旗叶。为复穗状花序，小穗相对互生在穗轴上，每穗轴节上着生一个小穗，排列成两行，每小穗有 3~9 朵小花，但仅下部 2~4 朵小花结实（图 1-4）。小麦籽粒为颖果，成熟时果皮与种皮粘连不分，着生胚的一方背面朝向外颖，腹面朝向内颖，具腹沟（图 1-5、图 1-6）。

2. 大麦

大麦属（*Hordeum*），穗状花序，每个穗轴节上着生 3 个小穗，称为三联小穗，每个小穗仅有 1 朵小花（图 1-7）。根据小穗发育特征与结实性，划分为 3 个亚种：多棱大麦、中间型大麦和二棱大麦。

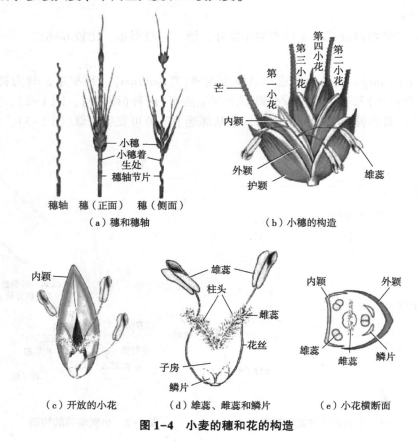

图 1-4 小麦的穗和花的构造

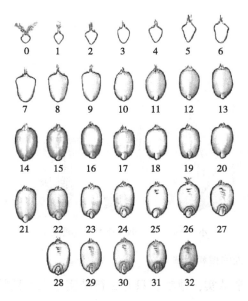

图 1-5 小麦籽粒发育过程

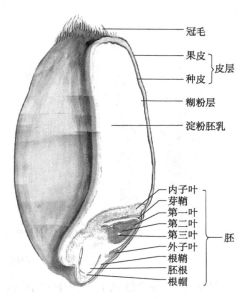

图 1-6 小麦种子的构造

①多棱大麦。又可分为六棱大麦和四棱大麦。每个穗节轴上 3 个小穗与穗轴所呈的夹角大且相等，从穗顶端俯视，可见穗上共有 6 条由小穗构成的棱，穗的截面呈六边形，故称六棱大麦（图 1-8）。小穗间隔大，每节上居中的小穗紧贴穗轴，其余 2 个侧小穗以较大角度向两侧发生，从穗顶端看呈四棱形，故称四棱大麦（图 1-9）。

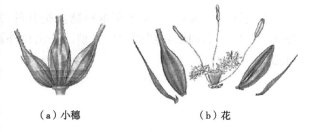

（a）小穗　　　　　（b）花

图 1-7 大麦的小穗和花构造

②中间型大麦。中间小穗正常结实，侧小穗部分结实。

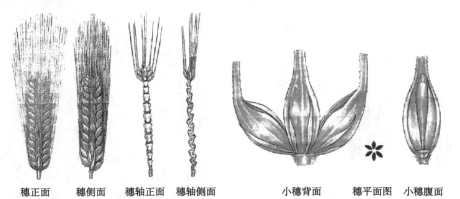

穗正面　穗侧面　穗轴正面　穗轴侧面　　小穗背面　穗平面图　小穗腹面

图 1-8 六棱大麦的穗和穗轴

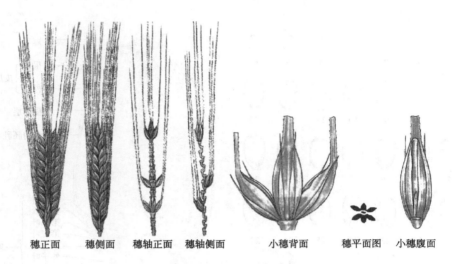

穗正面　穗侧面　穗轴正面　穗轴侧面　小穗背面　穗平面图　小穗腹面

图 1-9　四棱大麦的穗和穗轴

③二棱大麦。每个穗轴节上仅中间小穗正常结实，穗轴上只有 2 行结实小穗。穗粒大，饱满(图 1-10)。

3. 燕麦

燕麦属(*Avena*)，一年生草本植物。按其外稃性状可分为有稃型和裸粒型两大类。穗为圆锥花序，有周散和侧散两种类型。芒出自外颖背上。有稃型燕麦籽粒紧裹在内颖与外颖之间(图 1-11)。

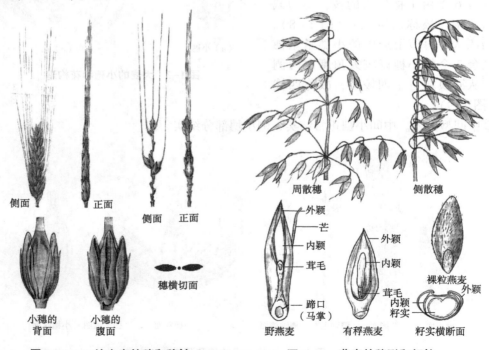

图 1-10　二棱大麦的穗和穗轴　　**图 1-11　燕麦的穗形和籽粒**

4. 黑麦

黑麦属(*Secale*)植物为一年生或越年生草本。株高 150~180 cm。幼苗匍匐，芽鞘紫红色，叶鞘紫褐色，有毛。茎秆坚韧，高可达 1 m 以上，地上 5~6 节。穗状花序，穗长 10~16 cm，穗形扁平，穗轴由 20~30 个节片组成，每节着生 1 个小穗，内有 3 朵小花，一般仅两侧小花结实。颖片狭长，边缘有锯齿。外颖中央有龙骨，上有刺，顶端延长成芒。内颖薄而钝，具二脊。每朵小花雄蕊 3 枚，花药肥大，花丝长，花粉量大，利于异花授粉；雌蕊 1 枚，柱头羽状。籽粒瘦长，胚端稍尖，淡褐色或灰色。

【材料与工具】

1. 实验材料

小麦、大麦、燕麦、黑麦。

2. 实验工具

尺子、镊子等。

【方法与步骤】

1. 叶片形态特征观察及类型识别

取小麦、大麦、燕麦、黑麦植株，对照挂图或多媒体图片，观察并记录各麦类作物叶片形态特征(表 1-1)。

表 1-1　麦类作物叶片形态特征

特征类型	小麦	大麦	燕麦	黑麦
叶片颜色				
叶片形态				
叶宽				
叶面茸毛				
叶舌				
叶耳				

2. 穗形态特征观察及类型识别

取小麦、大麦、燕麦、黑麦植株，对照挂图或多媒体图片，观察各麦类作物穗形态特征(表 1-2)。

表 1-2　麦类作物穗形态特征

特征类型	小麦	大麦	燕麦	黑麦
花序				
穗轴节片上小穗数				
护颖				
小穗内小花数				
外颖				
芒着生位置				
结实小花位置				

3. 籽粒形态特征观察及类型识别

取小麦、大麦、燕麦、黑麦植株，对照挂图或多媒体图片，观察各麦类作物籽粒形态特征(表1-3)。

表1-3 麦类作物籽粒形态特征

特征类型	小麦	大麦	燕麦	黑麦
壳有无				
籽粒形状				
颖果表面				
冠毛				
腹沟				
色泽				

【注意事项】

1. 区分植株主茎以及一级、二级分蘖。
2. 观察叶的组成，注意区分鞘叶和叶鞘。

【思考与作业】

1. 通过植株形态特征观察，思考4种麦类作物名称的由来。
2. 列表比较4种麦类作物的主要异同点。
3. 绘图并说明4种麦类作物在穗部结构上的差别。

实验1-2 玉米形态特征观察及类型识别

【实验目的】

1. 掌握玉米各器官的形态特征。
2. 识别玉米的主要类型(依据果穗及籽粒结构)。

【内容与原理】

本实验的主要内容包括玉米根、茎、叶、雄穗、雌穗、籽粒形态特征观察；根据玉米果穗颖壳的长短、籽粒形状、表面特征籽粒内部胚乳结构等性状，识别常见的8种玉米类型。

1. 玉米各器官形态特征观察

(1)根

玉米根系是须根系(图1-12)，由胚根和节根组成，这两种根系交错分布，共同构成玉米强大而密集的根群。根据根的发生时期、外部形态、部位和功能分为以下3种。

①胚根。只有1条，于种子胚胎发育时形成，在种子萌动发芽时，率先突破胚芽鞘而伸出，迅速生长，垂直入土，也称初生胚根。胚根伸出1~3 d，在中胚轴基部盾片节上长出3~7条幼根，称为次生胚根。由于其生理功能与胚根相似，在栽培上将这层根与胚根合成为初生根。这层根系主要供应幼苗出土2~3周内所需的水分和养分，但初生根系的生命活动一直保持到植株生命后期。

②地下节根(次生根)。着生在密集的地下茎节上，于三叶期至拔节期形成，是玉米的主体根系，分枝多，根毛密，是玉米中后期植株吸收水肥养分的重要器官。

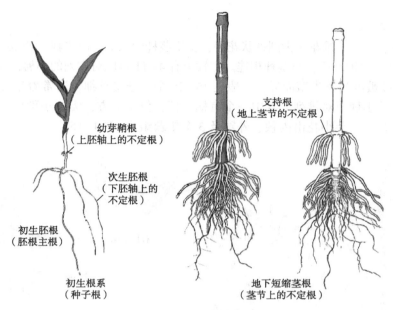

图 1-12 玉米根系

③地上节根（支持根或气生根）。玉米拔节后从地上近地面处茎节上轮生长出的根系，可发 2~3 层，在物质吸收、合成及防倒伏方面具有重要作用。

(2) 茎

圆柱形，一般高 1~3 m，因品种、土壤、气候和栽培条件的不同而异。茎秆由若干节和节间组成，通常有 15~22 节，其中 4~7 节密集地下，节与节之间称为节间。维管束分散排列于节间，靠外周的维管束小而多，排列紧密，靠中央的大而少，排列疏松。各节间长度自下而上逐渐增加，粗度逐渐变小。穗颈节最长，穗位节的上、下节间次之，各节间长度与环境条件密切相关。

(3) 叶

玉米叶有胚叶和茎生叶两种。胚叶是玉米最初的几片叶子，于胚胎发育时形成的，而在玉米生长发育期间由茎尖不断分化形成的叶片称为茎生叶。茎生叶着生在茎节上，互生排列。玉米叶片数与茎节数相同，因品种而异，变幅在 8~48 片，多数维持在 13~25 片。玉米的叶包括叶片、叶鞘和叶舌 3 部分（图 1-13）。叶鞘紧包茎部，有皱纹，这是玉米与其他作物的不同之处。玉米一生中主茎各节位叶面积的大小因品种而异，但几乎所有品种各节位叶面积在植株上分布都是中部叶片最大，中部叶片中又以"棒三叶"叶片最长、最宽，面积最大，干重最高。

(4) 花序

玉米是雌雄同株异位异花授粉的作物，有雄花序

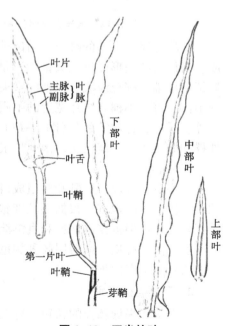

图 1-13 玉米的叶

和雌花序两种花序。

①雄花序。玉米的雄花序为圆锥状花序，位于茎秆的顶部，由主轴、分枝、小穗和小花组成(图1-14)。主轴较粗，与茎秆相连。主轴上有4~11行成对排列的小穗，主轴中下部有若干分枝，分枝数因品种类型而异，一般是15~25个。分支较细，通常着生2行成对排列的小穗。玉米雄小穗成对排列，其中一个有柄小穗，位于上方，无柄小穗位于下方。每个小穗有两朵小花，每朵小花由内颖、外颖及3个雄蕊组成(图1-15)。

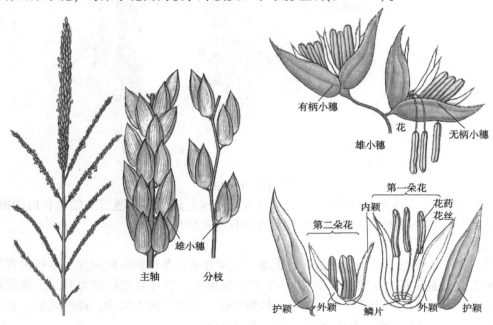

图1-14　玉米雄花序(一)　　　　图1-15　玉米雄花序(二)

②雌花序。玉米的雌花序为肉穗花序(图1-16)，由茎秆中上部叶腋中的腋芽发育而成。果穗为圆柱形或近似圆锥形，是变态的侧茎，具有缩短的节间及变态的叶，即苞叶。雌穗由穗轴和籽粒组成。果穗的中央部分为穗轴，红色或白色，穗轴上成行着生成对的无柄小穗，每个小穗有2片宽短的革质颖片包夹着2朵上下排列的雌花，其中上位花具有内外稃、子房、花丝等部分(图1-17)，能接受花粉受精结实；而下位花退化，只残存有内外稃和雌雄蕊，不能结实。因此，玉米果穗行数为偶数。

(5) 籽粒

由果皮、种皮、胚乳和胚组成(图1-18)。玉米胚一般占籽粒重的10%~15%。胚乳是贮藏有机营养的地方。根据胚乳细胞中淀粉粒之间有无蛋白质胶体存在，有角质胚乳和粉质胚乳之分；根据支链淀粉和直链淀粉的含量，胚乳又可分蜡质胚乳和非蜡质胚乳。籽粒的颜色取决于种皮、糊粉层胚乳颜色的配合。因此，有的是单色，有的是杂色，但生产上常见的是黄、白两种。

2. 玉米类型识别

根据玉米果穗颖壳的长短、籽粒形状、表面特征、籽粒内部胚乳结构等性状，将玉米划分为8个类型。

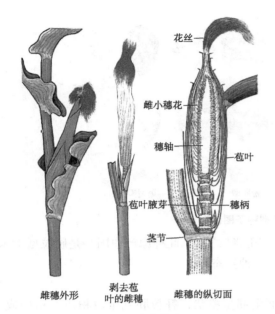

图 1-16 玉米雌花序（一）

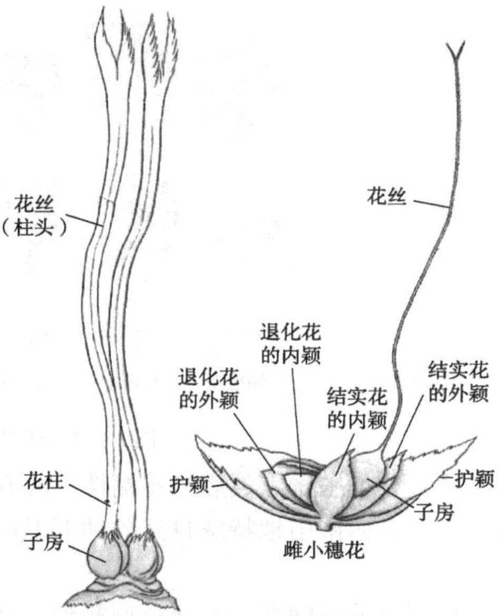

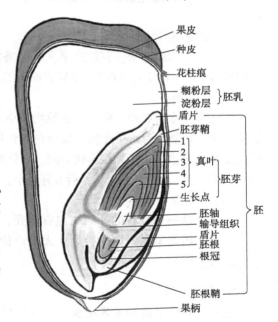

图 1-17 玉米雌花序（二）

图 1-18 玉米籽粒的结构

（1）硬粒型

果穗多为圆柱形，籽粒圆形、坚硬、平滑、透明而有光泽，胚乳顶部和周围为极硬的角质淀粉层，仅中央小部分为粉质淀粉。籽粒有黄、白、红等颜色，其中以黄色最多。穗轴多为白色。该类品种具有结实性好、早熟、品质优良、适应性强的特点。

（2）马齿型

果穗多为圆柱形，籽粒大呈马齿状（图 1-19）。籽粒胚乳两侧为角质淀粉，顶部及中部为粉质淀粉。成熟时，顶部的粉质淀粉干燥快，因此，籽粒顶部凹陷呈马齿状。一般粉质淀粉越多，凹陷越深。籽粒有黄、白等颜色，不透明，品质较差。马齿型玉米植株较高，增产潜力大，是生产上种植最广泛的类型之一。

（3）半马齿型

半马齿型又称中间型，是硬粒型与马齿型的杂交类型。植株高度、果穗形状和大小、籽粒胚乳的性质均介于硬粒型和马齿型之间，籽粒有黄白两色。品质不及硬粒型，但较马齿型好，主要特征是籽粒顶部的凹陷比马齿型浅。目前生产上推广的杂交种多属于半马齿型。

（4）蜡质型

籽粒顶端圆形，表面光滑，但无光泽。切面透明，呈蜡状。籽粒胚乳全部由角质支链

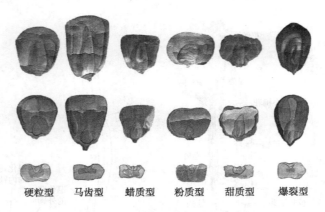

硬粒型　马齿型　蜡质型　粉质型　甜质型　爆裂型

图1-19　玉米类型种子图（部分）

淀粉组成。该类玉米煮熟后具有糯性，故有"糯玉米"之称。此种原产中国，是硬粒型玉米引入我国后在西南山地特殊自然条件下形成的一种生态型。

（5）粉质型

籽粒圆形或近圆形，与硬粒型相似，切面全部呈粉状，籽粒胚乳全由粉质淀粉构成，外观不透明，表面光滑。籽粒质地较软，极易磨成淀粉，是生产淀粉和酿造的优良原料，我国很少栽培。

（6）甜质型

甜质型又称甜玉米。籽粒扁平，坚硬透明有光泽，胚乳中含有大量可溶性糖分（乳熟期含糖量为15%~18%），成熟干燥后表面皱缩。籽粒形状及颜色多样，以黑色和黄色居多。

（7）爆裂型

爆裂型又称爆裂种。果穗及籽粒均较小，胚乳及果实坚硬，除胚乳中心部分有极少量粉质胚乳外，其余均为角质胚乳，故蛋白质含量较高。籽粒加热后有爆裂性，可较原来的体积增大2.5~3.0倍。由于籽粒形状不同，可分为米粒型和珍珠型两种，前者果穗及籽粒较大，先端尖，多白色，呈大米粒形状；后者籽粒小，圆形，果穗细长，籽粒颜色多为金黄色及褐色。

（8）有稃型

果穗上每一个籽粒的外面均包有颖壳，颖壳顶端有芒状延生物，难以脱粒。籽粒内部多为角质。该类型属最原始类型，无生产价值。

【材料与工具】

1. 实验材料

紧凑型和半紧凑型玉米植株、8种类型的玉米果穗及籽粒标本、挂图等。

2. 实验工具

解剖刀、镊子、剪刀、尺子等。

【方法与步骤】

1. 观察形态特征

取两种株形玉米带土植株各3株，用水洗去泥土，对照挂图或多媒体图片，按根、茎、叶、雄花序、雌花序、种子的顺序，仔细观察两种株形玉米各器官的形态特征。

2. 认识玉米的主要类型

仔细观察8种类型玉米果穗和籽粒的特征。用解剖刀将籽粒纵剖开，观察剖面结构，即角质胚乳与粉质胚乳的分布情况。

【注意事项】
1. 玉米植株取样时尽量减少人为误差，尽可能保证植株的完整性，尤其是根系的完整性。
2. 注意观察"棒三叶"（穗位叶、穗位上叶和穗位下叶）与其他叶片的形态差异。

【思考与作业】
1. 密植高产栽培中应选用何种株型玉米？
2. 生产上延长"棒三叶"光合高值持续期的栽培学途径有哪些？
3. 根据观察结果，绘制玉米植株外形图，完成各器官的形态特征描述报告。
4. 描述八大类型玉米的主要特点。

实验1-3　水稻形态特征观察及类型识别

【实验目的】
1. 识别水稻根、茎、叶、穗、果实外部形态特征。
2. 掌握籼稻与粳稻、黏稻与糯稻的主要区别。
3. 掌握水稻幼苗与稗草幼苗的区别。

【内容与原理】

黏稻与糯稻的区别在于米粒中胚乳淀粉结构型的不同导致稻米糯性不同。黏稻大部分为支链淀粉，但也存在少部分的直链淀粉；糯稻中只含有支链淀粉，几乎不含有直链淀粉。直链淀粉的含量对稻米糯性的影响起决定性作用，因此直链淀粉含量多的为黏稻，与碘化钾溶液反应呈深蓝色；直链淀粉含量极少的为糯稻，与碘化钾溶液反应呈紫红色。

栽培稻在漫长的驯化过程中，受到了自然选择和人为选择的强大压力，产生了适应人类需求的一系列农艺性状和生理特性的变化。在向不同纬度、不同海拔的传播过程中，受到了不同温度、降水量、日照时数、土壤质地、种植季节和栽培技术等诸因素的影响，导致了感光性、感温性、需水量、胚乳淀粉特性等一系列分化，并通过隔离使这种分化得到加强，形成了适应各种气候环境、丰富多样的栽培稻种，反过来又加速了栽培稻的传播和多样化。籼、粳的分化是栽培稻最重要的演化。

1. 水稻形态特征观察

（1）根系

根系是水稻植株吸收、合成、分泌、运输代谢物质及支持地上部的重要器官。在水稻生育的中后期，植株周围土表逐渐形成一层根体较小、水平伸展、形如网状的表根。表根分布在4~5 cm的土层中（图1-20）。水稻根系主要分布在距地表0~10 cm的土层中（图1-21），可分为种子根和不定根。种子根只有一条，是种子萌发时由胚根直接发育而成的，在幼苗期起扎根和吸收的作用。不定根由茎基部的茎节上生出，由下而上依次发生，又称永久

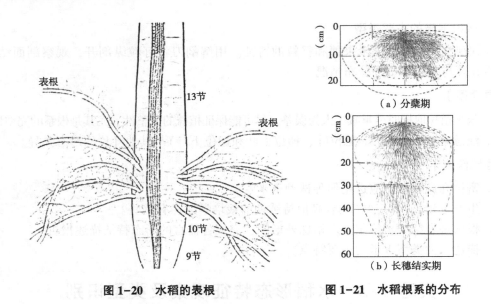

图 1-20 水稻的表根　　　图 1-21 水稻根系的分布

根。根的顶端有生长点,外有帽状根冠保护。横剖面由中柱、皮层和表皮 3 部分构成,中柱内有粗大的次生木质部导管,呈辐射状排列,韧皮部与原生木质部相间排列。皮层细胞间隙扩大呈空洞,形成裂生通气组织,以进行气体的输送(图 1-22)。

（2）茎

水稻茎由节和节间组成。茎秆中空、细长(图 1-23)。一般早熟品种节数少,晚熟品种节数较多,但伸长节间 4~5 个,其余茎节密集于茎的基部不伸长,称为分蘖节。茎节是稻株体内输气系统的枢纽,各器官的通气组织在此相互联通,节部通气组织还与根的皮层细胞相连。

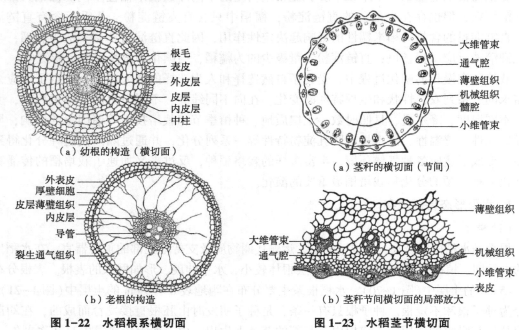

图 1-22 水稻根系横切面　　　图 1-23 水稻茎节横切面

(3) 叶

水稻的叶互生于茎的两侧。主茎叶数与茎节数一致。种子发芽时，芽鞘伸长，之后从芽鞘中伸出一片不完全叶(仅有叶鞘)。随后出现的均为完全叶，包括叶片、叶枕、叶鞘、叶舌和叶耳(图1-24)。除穗茎节外，每个节上着生一片叶，最上的一片叶称为剑叶，其宽度因品种而异，一般剑叶叶片组织比下部叶片挺直，叶片较短。

(4) 花序

水稻的花序为圆锥花序，由主轴、一次枝梗、二次枝梗和小穗等组成(图1-25)。穗的中轴称为穗轴，穗轴上有节，称为穗轴节，其上着生的枝梗，称为一次枝梗，一次枝梗上再发生的枝梗，称为二次枝梗。一次枝梗和二次枝梗上均可分生出小穗，小穗由护颖和小花组成，着生在小穗梗的顶端。每个小穗有3朵小花，但只有上部1朵小花发育，下部的2朵小花已退化，各剩1枚颖片，称为护颖。水稻颖花包括内、外颖各1个(图1-26、图1-27)。在2枚颖片之间有小花梗，上面着生正常花的内、外稃，即成熟时的谷壳。

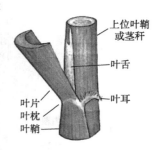

图1-24　水稻叶片组成

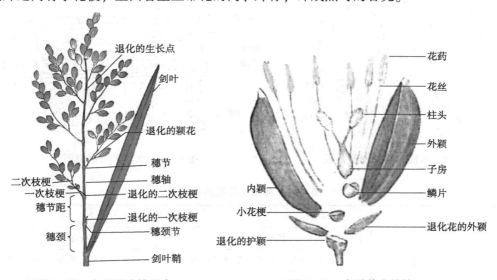

图1-25　水稻稻穗的形态　　　　图1-26　水稻花序结构

(5) 果实

水稻的种子由谷壳和糙米(颖果)组成。糙米是由子房受精发育而成，包括果皮、种皮、胚乳和胚，约占稻谷质量的80%(图1-28)。糙米表面是种皮，多数为白色透明的，糙米明显凹陷的部位是胚，胚外是胚乳，胚乳包括位于外层的糊粉层和占据中央大部分的淀粉组织(图1-29)。

2. 水稻的类型识别

(1) 籼稻与粳稻的差异

栽培稻可分为籼稻和粳稻两个亚种，在植株形态特征和生理特性上存在一定的差异(表1-4)。

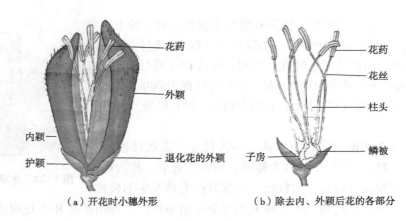

(a) 开花时小穗外形　　　　(b) 除去内、外颖后花的各部分

图 1-27　水稻花的构造

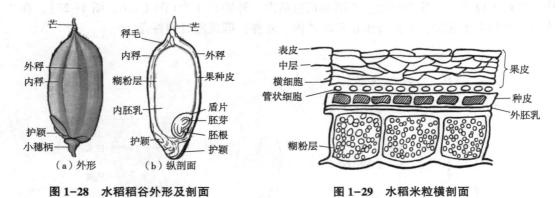

图 1-28　水稻稻谷外形及剖面　　　　图 1-29　水稻米粒横剖面

表 1-4　籼稻与粳稻的差异

项目		形态特征	
		籼稻	粳稻
植物形态	叶片	叶片较宽、色淡、有毛、剑叶开度小	叶片较窄、色深、毛少、剑叶开度大
	芒	一般无芒，少数有短芒直生	一般有芒，略呈弯曲状
	谷粒形状	细而长，稍扁平	短而宽，较厚实
	株形	植株高，秆软，株形松散	植株较矮，秆韧，株形紧凑
	颖壳	颖毛短而稀，颖壳较薄	颖毛长而密，颖壳较厚
	穗形	穗形较小，着粒较稀，穗颈一般较长	穗形较大，着粒较密，穗颈一般较短

(2) 糯稻与黏稻的差异

糯稻是黏稻淀粉粒性质发生变化而形成的变异型(表 1-5)。在生产上又把糯稻分为小糯和大糯，小糯为籼稻糯稻，常称为籼糯，煮熟后糯性较差，大糯为粳型糯稻，常称为粳糯，煮熟后糯性较好。

表 1-5　糯稻与黏稻的差异

项目	黏稻	糯稻
胚乳成分	含 10%~30%直链淀粉，70%~90%支链淀粉	只含支链淀粉，不含直链淀粉或含量极小
米饭的黏性	小	大
胚乳颜色	白色透明	不透明的蜡白色
出饭率	胀性强，出饭率高	胀性弱，出饭率低
对碘化钾溶液反应	吸碘性强，深蓝色	吸碘性弱，紫红色

（3）水稻苗与稗草苗的差异

稗草为水稻生产中的害草。由于稗、稻同属于禾本科且形态相似，故两者的幼苗较难区别，增加了其防除的难度。水稻苗与稗草苗的差异见表 1-6。

表 1-6　水稻苗与稗草苗的差异

分类	水稻苗	稗草苗
叶耳、叶舌	有	无
中脉	不明显，淡绿色	宽而明显，色较白
叶形	短窄厚	长宽薄
叶片颜色	黄绿	浓绿
茸毛	有	无
叶片着生角度	斜直，角度小	斜平，角度大

【材料与工具】

1. 实验材料

籼稻、粳稻幼苗（2~3 叶期）和抽穗的稻株，籼稻、粳稻、糯稻、黏稻各类型若干品种的稻谷和米粒；水稻、稗草的分蘖期幼苗。

2. 实验工具

米尺、放大镜、载玻片、镊子、单面切刀片、显微镜、培养皿。

3. 实验药剂

碘-碘化钾溶液：1.3 g 碘化钾溶于 10 mL 水中，再加入 0.3 g 结晶碘，溶解后加入 100 mL 蒸馏水混匀，装入棕色试剂瓶中待用。

1%苯酚溶液：在水浴锅中加热溶解苯酚（石炭酸），然后配成 1%的溶液。

【方法与步骤】

1. 水稻的植物学特征观察

取水稻苗和刚抽穗的稻株，观察胚根、不定根、胚芽鞘、不完全叶、完全叶、全叶、小穗、颖果等各部分的形态特征。根据要求完成作业内容。

2. 籼稻、粳稻谷粒的石炭酸着色反应

取籼、粳型品种各若干，各品种取试样两份，每份取谷粒或米粒 100 粒，在 30℃温水中浸泡 6 h，把水倒出，再置于 1%石炭酸溶液中染色 12 h，然后将石炭酸液倒出，用清水洗种子后置于吸水纸上过 24 h，观察染色情况。

3. 黏稻、糯稻米的碘–碘化钾染色反应

取籼或粳亚种的黏稻和糯稻谷粒及米粒进行比较观察，然后将米粒横切，在横断面上滴碘–碘化钾溶液 1 滴，观察染色反应。

4. 稗草苗与水稻苗的区别

根据表 1-6 的内容，观察稗草苗与水稻苗的区别，掌握区别两者的方法。

【注意事项】

1. 水稻苗的苗龄不宜过大或过小，要保持适中。
2. 籼稻和粳稻品种要选择差异明显的品种。

【思考与作业】

1. 采用苯酚（石炭酸）溶液染色的原理是什么？这种染色方法有什么优缺点？
2. 绘制稻穗模式图，注明稻穗茎节、穗轴、第一次枝梗、第二次枝梗以及小穗等。
3. 绘制稻穗颖花解剖图，注明护颖、内稃、外稃、花药、花丝、柱头、子房、浆片等。
4. 观察并鉴别籼稻和粳稻，将观察的结果填入表 1-7。

表 1-7　籼稻与粳稻的差异

材料编号	植株外形					籽粒						亚种
	叶的形状	叶色深浅	叶毛		顶叶开度	株型	芒		稃毛	长度(mm)	宽度(mm)	长宽比	落粒性	
			有无	浓密度			有无	长度(mm)						
1														
2														
…														

5. 观察黏稻和糯稻的碘–碘化钾染色反应及苯酚着色反应，将观察结果填入表 1-8。

表 1-8　黏稻和糯稻的显色反应

项目	胚乳色泽	碘–淀粉反应	黏或糯	与苯酚反应	亚种（粳或籼）
1					
2					
3					
…					

实验 1-4　马铃薯、甘薯形态特征观察及类型识别

【实验目的】

1. 识别马铃薯的地上部和地下部的外部形态，并掌握其特征。
2. 识别甘薯的地上部和地下部的外部形态，并掌握其特征。

【内容与原理】

本实验的主要内容包括采集马铃薯完整植株的样品，观察其地上部和地下部外部形态特征；采集甘薯完整植株的样品，观察其地上部和地下部外部形态特征。

1. 马铃薯形态的观察

（1）根

马铃薯（*Solanum tuberosum*）根系大多分布在距地表 30 cm 的表层土壤内，最初以与地面倾斜的方向向下生长，横展到 30~60 cm 后，折向垂直地面下扎，可深达 120 cm 以下。利用种子繁殖的实生苗，其根系为圆锥根系，具有明显的主根和侧根之分；利用块茎繁殖的苗，其根系为须根系，只有须根，而无主根。根据其发生的时期、部位和分布状况可分为芽眼根和匍匐根两类（图 1-30）。

（2）茎

马铃薯的茎具有多态性，包括地上茎、地下茎、匍匐茎和块茎 4 种（图 1-31）。

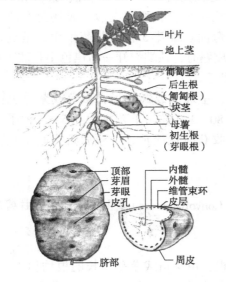
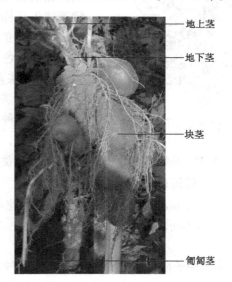

图 1-30　马铃薯的根系和块茎　　　　图 1-31　马铃薯的茎

①地上茎。近似三棱或四棱形，棱边有突出的翼，翼有直形与波状两种，随品种而异。茎高 50~100 cm，分枝 4~8 个，由于茎的直立与倾斜程度不同，植株分为直立、扩散和匍匐 3 种类型。茎色有绿色和紫色两种。

②地下茎。是主茎的地下部分，因无色素，故呈白色或黄白色。地下茎由节与节间构

成,节间可产生分枝形成匍匐茎和块茎。

③匍匐茎。地下主茎节上的腋芽所生的侧枝,每节着生一条。一般长3~10 cm,多呈水平方向分层于耕作层内,早熟品种一般6~7层。中晚熟品种层次较多,最下面3~4层的匍匐茎顶端多膨大成块茎。

④块茎。是由匍匐茎的末节和次末节的节间膨大而缩短形成的变态茎,形状有圆形、扁形、卵圆形、椭圆形和长筒形等,其上具有螺旋状排列的月牙形叶痕,称为芽眉,芽眉上部凹陷的叶腋里有休眠芽,即芽眼。马铃薯块茎表皮颜色有白、黄、紫、红、浅红、蓝、绿等色,表皮内为薯肉。薯肉主要含有淀粉、糖、蛋白质和脂肪,其维生素含量也很高,且种类较齐全。另外,还含有灰分和龙葵素。

(3)叶

马铃薯的叶分为两类:单叶和复叶。单叶最初生出,全缘,色较浓,多茸毛,叶背多为紫色。复叶为奇数羽状,由大小两种叶片相间组成,互生,呈螺旋状排列。复叶叶柄基部与主茎连接处的左右两侧着生一对托叶(图1-32)。

(4)花

马铃薯的花呈聚伞花序,有些品种因花柄分枝缩短,各花的花柄着生于同一点而聚缩成简单花序(图1-33)。每一花柄的中上部有一圈明显的突起,称为离层环或花关节,通常无色,有时呈紫色。花萼顶端5裂,基部联合,鲜绿色,花冠合瓣,呈三角形。有白、淡红、紫和紫蓝等色。雌蕊柱头呈棒状或头状,二裂或三裂,成熟时有油状分泌物,花柱直立或弯曲。雄蕊5枚,花药聚生,呈黄绿、灰黄、橙黄等色,成熟时,顶端裂开一枯焦色小孔散布花粉。

(5)果实与种子

果实为浆果,呈球形或椭圆形,褐色或紫绿色而带紫斑。每果含种子80~300粒,千粒重约0.5 g,种子小而扁平,卵圆形,新收获时色淡黄,贮藏后转为暗灰色,有胚和胚乳,胚卷曲。

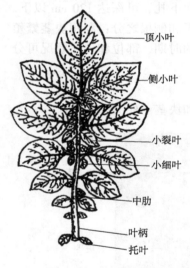

图1-32 马铃薯的叶

2. 甘薯的形态的观察

甘薯[*Ipomoea batatas*(Lam.)L.]为旋花科(Convolvulaceae)蔓生草本植物。甘薯形态特征如图1-34所示。

(1)根

甘薯由种子萌发、发育形成的根称为种子根,由芽苗或茎蔓生长的根均称为不定根。不定根依形态不同可分为纤维根、梗根和块根3种(图1-34)。块根是甘薯贮藏养料的主要器官,也是种植甘薯的收获器官。块根形状有球形、梨形(又分上膨和下膨)、纺锤形等,薯表有根眼30~60个,皮色有紫色、黄色、红紫色等。肉色有黄色、杏黄色、橘红色或带紫晕等。梗根又称牛蒡根或柴根,粗如手指,上下大小一致。纤维根也称细根、须根,其上着生多数根毛。

图1-33 马铃薯的花

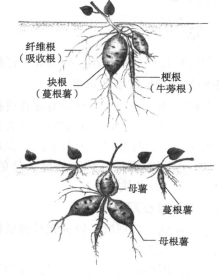

图1-34 甘薯块茎结薯习性示意

(2) 茎

甘薯茎既是输导和贮藏的器官，又是繁殖的器官。茎多蔓生，少数生长初期呈半直立形。茎长 0.6~6.6 m，茎节两侧具根原基，能延伸为不定根。主茎能生多数分枝。茎节呈棱形或圆柱形，表面有茸毛，茎色有绿色、绿色带紫色、紫色等。

(3) 叶

甘薯的叶为单叶，互生，无托叶，有叶柄，柄长 4~25 cm。基本叶形分为心形、肾形、三角形和掌状 4 种。按叶缘可分浅裂或深裂，单缺刻或复缺刻。同一品种同一植株不同叶位的叶片形状也有差异。叶上常有毛，幼叶更为明显。叶色有绿色、淡绿色、紫绿色、浓绿色等。顶叶色有绿色、紫色、褐色、边缘带褐色等。叶脉色有绿色、紫色、绿色带紫色等。

(4) 花序及花

甘薯的花呈漏斗状，为单生或 3~7 朵集成聚伞花序。每花序有花蕾 3~15 个，甚至达 30 个。由叶腋生出，或生于顶端。形状似牵牛花，多为淡红色或紫色，花冠漏斗形，呈紫、淡红、白等色，5 瓣 5 萼；雄蕊 1 枚，不等长；雌蕊 1 枚，柱头呈头状。子房上位，有 2~4 室。

(5) 果实及种子

果实为球状浆果，成熟时为褐色或灰白色。果为 4 室浆果，每果有种子 1~4 粒。种子细小，黑色或褐色，呈不规则三角形、半圆形，种皮革质、坚硬不易透水。

【材料与工具】

1. 实验材料

马铃薯和甘薯的植株、花、果实等。

2. 实验工具

小刀、钢卷尺、铁锹、小铲。

【方法与步骤】

取新鲜完整植株材料及花、果实等，仔细观察其形态特征并比较。

1. 根的形态特征观察与记录

在块茎形成期，分别挖取马铃薯和甘薯植株根系，观察并记录根的形态特征。

马铃薯根：马铃薯用种子繁殖的根系为直根系，有主侧根之分。

甘薯根系：甘薯扦插时，由节上产生大量不定根，这些不定根最初为纤维状细根，内部构造相同。但随着生长进程和外部条件的影响发展为3种不同形态的根：纤维根（细根）、梗根（牛蒡根）和块根。

2. 茎的形态特征观察与记录

在块茎形成期，分别取马铃薯和甘薯植株的地上茎和块茎或根茎，观察并记录地上茎及块茎或根茎的形态特征。

马铃薯茎：因部位和作用的不同，分为地上茎、地下茎、匍匐茎和块茎。

甘薯茎：茎蔓生，匍匐或半直立。

3. 叶的形态特征观察与记录

在现蕾期，分别取有代表性的马铃薯和甘薯叶片进行观察，并记录叶片的形态特征。

马铃薯叶：从块茎上最初长出的几片叶为单叶，称为初生叶。

甘薯叶：单叶，互生，叶序2/5；具长叶柄，无托叶。叶色分绿色、浅绿色、深绿色、紫色等。

4. 花的形态特征观察与记录

在盛花期，分别取有代表性的马铃薯和甘薯花进行观察，并记录花的形态特征。

马铃薯花：聚伞花序，有的品种因花梗分枝缩短，各花的花柄几乎着生在同一点上，好似伞形花序。

甘薯花：呈漏斗状，单生或3~7朵集成聚伞花序。每花序有花蕾3~15个，甚至达30个。

5. 果实的形态特征观察与记录

在成熟期，分别取马铃薯和甘薯植株，分别观察并记录其果实形态特征。

马铃薯果实和种子：果实为浆果，圆形或椭圆形。

甘薯果实：球状茹果，成熟时为褐色或灰白色。

【注意事项】

1. 一般在距田埂或地边一定距离的株行取样或在特定的取样区内取样。取样点的四周不应该有缺株的现象。

2. 取样后，先按分析的目的分成各部分（如根、茎、叶、果等），然后捆齐，并附上标签，装入纸袋。

3. 有些多汁果实取样时，应用锋利的不锈钢刀剖切，并注意勿使果汁流失。

【思考与作业】

1. 比较马铃薯与甘薯植株根、茎、叶及花、果实形态的异同点。

2. 填写马铃薯、甘薯的形态特征调查表(表1-9、表1-10)。

表1-9 马铃薯形态特征调查表

班级：　　　　　　　　　　　组别：　　　　　　　　　　姓名：

形态特征		1	2	3	…
叶	叶形				
	叶片大小				
	叶色				
	顶叶色				
	叶柄色				
	叶柄长				
茎	茎色				
	茎粗				
	节间长度				
	分枝数				
	主茎长				
根及块茎	匍匐茎长				
	块茎大小整齐度				
	薯形				
	薯皮色				
	薯肉色				
	芽眼深浅				
	单株块茎数				
	单株块茎质量				
	单薯质量				

表1-10 甘薯形态特征调查表

班级：　　　　　　　　　　　组别：　　　　　　　　　　姓名：

形态特征		1	2	3	…
叶	叶形				
	叶片大小				
	叶色				
	叶脉色				
	叶基色				
	顶叶色				
	叶柄色				
	叶柄长				

(续)

形态特征		1	2	3	…
茎	茎色				
	茎粗				
	节间长度				
	茎茸毛				
	分枝数				
	主蔓长				
	单株总蔓长				
块根	薯皮色				
	薯肉色				
	薯形				
	大小				

3. 根据实物标本绘制薯类叶片的几种主要形状（心形、三角形、掌状及马铃薯奇数羽状复叶）；绘制薯类块茎（包括芽眼分布）外形图。

4. 根据调查结果，要求每位同学提交1份实验报告。

实验1-5 油菜形态特征观察及类型识别

【实验目的】

1. 观察并了解油菜包括根、茎、叶、花、果实、种子在内的植物学形态特征。

2. 通过对三大油菜类型的理论知识学习，掌握三大油菜类型的主要分类依据，准确判断三大油菜类型。

【内容与原理】

油菜三大栽培种不同的形态、生育期的特征是区分油菜最为直观的分类依据。

1. 油菜植物形态特征观察

油菜（*Brassical L.*）属十字花科（Cruciferae）芸薹属（*Brassica*），为一年生或多年生草本植物，各器官主要特征如下。

(1) 根

根属直根系，具有主根、支根及细根。主根由胚根直接发育而来，上部膨大而下部细长，呈长圆锥形，其上着生侧根和不定根，入土可达30~50 cm。支根和细根多集中于耕层20~30 cm，水平分布可达40~50 cm。

(2) 茎

茎包括主茎和分枝。

①主茎。由子叶以上的幼茎延伸形成。茎色因品种而异，以绿色或淡紫色居多，少数紫红色或深紫色。茎表面有的有蜡粉，有的较光滑，有的生有稀疏刺毛。主茎一般高 1~2 m。

以甘蓝型为例，各茎段的特点如下：

缩茎段：在主茎基部，节间短而密集，节上着生长柄叶。

伸长茎段：在主茎中部，节间由下而上逐步增长，棱形渐显著，节上着生短柄叶。

薹茎段：在主茎上部，节间依次缩短，棱形显著，节上着生无柄叶。

②分枝。主茎上各节的腋芽发育成分枝，为第一次分枝，第一次分枝上的分枝称第二次分枝，有的可以抽出第三、四次分枝。由于1次分枝的分布不同，可以分为3种分枝型和株形。

下生分枝型：缩茎段的腋芽比较发达，分枝出现最早，分枝伸长速度与主茎相近或稍快，分枝数较多，结果形成发达的下部分枝，株形呈丛生状或筒状。

上生分枝型：缩茎段和伸长茎段的腋芽不能正常发育，植株下部分枝极少或无，分枝出现较迟，多在上部，株形呈帚形。

匀生分枝型：分枝习性介于下生分枝型与上生分枝型之间。分枝多，均匀分布在主茎上，植株筒形或纺锤形。

(3) 叶

油菜的叶分为子叶和真叶两部分。子叶一对，有心形，近肾形及杈形。真叶为不完全叶。无托叶，有的无叶柄。叶色有黄绿、淡绿、深绿、灰蓝、淡紫、深紫等色。叶面有光泽或蜡粉，表面光滑或着生刺毛。叶片边缘有多种形态，如全缘、锯齿、波状、缺刻、羽状缺刻。真叶的形状因类型和品种而不同。在同一株上，不同部位的叶片也不相同。主茎上3组叶片的形态如下。

①长柄叶。着生在缩茎段上，又称缩茎叶或基叶。具有明显的叶柄，叶柄基部两侧无叶翅。叶片较大。有椭圆形、长椭圆形、卵圆形、匙形等形状。

②短柄叶。着生在伸长茎段上。叶柄不明显，叶柄两侧直至基部有明显的叶翅。叶片较大，叶形为全缘带状、齿形带状、羽裂状或缺裂状等。

③无柄叶。着生在薹茎段上，也称薹茎叶。无叶柄，基部两侧向下延伸成耳状，全抱茎或半抱茎，叶形为披针形或狭三角形。

(4) 花

油菜为总状无限花序，由主茎或分枝顶端分生组织分化而来。每朵油菜花有花萼4枚，黄绿色；花瓣4枚，黄色，盛开呈"十"字形；雄蕊6枚，4长2短，为4强雄蕊，由花药和花丝组成；雌蕊1枚，子房上位，2心皮，由柱头、花柱、子房和胚珠组成；基部有4个绿色球形蜜腺。

(5) 果实

为角果，由果喙、果身和果柄3部分组成。果喙由不脱落的花柱发育而成，绿色，与果身相连形成角状，故名角果。果柄由花柄发育而成。成熟时果柄与果轴所成角度以及角果在果柄上的着生状态，与品种特性有关。一般分为以下几种类型。

①直生型。果柄与果序所成角度接近90°。果身与果序呈垂直状，如'胜利'油菜。

②斜生型。果柄与果序所成角度为40°~60°，如'七星剑'。

③平生型。果柄与果序所成角度为20°~30°，果身与果序接近平行，如'矮大秆'。

④垂生型。果柄与果序所成角度大于90°，果身下垂，如'川农长角'。

角果的形态和大小因油菜类型和品种而异。一般芥菜型油菜角果细小，长3~4 cm。白菜型和甘蓝型的角果长度差异很大，短小的仅4 cm左右，中长的7~9 cm，最长的可达14 cm以上。角果粗度也不同，最细的仅0.4 cm左右，粗大的可达1 cm。根据角果长度和粗度，可以区分为细短角果、细长角果、粗短角果和粗长角果4种。

(6) 种子

种子球形，有黑色、褐色、红褐色或黄色。种子大小因类型和品种而异，通常甘蓝型千粒重约3.1 g，白菜型千粒重约2.8 g，芥菜型千粒重约1.8 g。

2. 三大油菜类型的识别

(1) 白菜型

白菜型油菜也称矮油菜、甜油菜、小油菜或白油菜，基因型AA，2n=20。株高小于1 m，分枝部位低，丛生。基生叶薄且宽大，椭圆、卵圆或长圆，色浅光滑，中筋明显，叶片全缘或波浪形；茎生叶无叶柄，叶基全抱茎，多数为戟形叶。花较大，花瓣圆形，花瓣侧叠。角果大，种子一般为红褐色、暗褐色或黑色，籽粒无辛辣味。

(2) 芥菜型

芥菜型油菜也称辣油菜、高油菜、苦油菜或大油菜，基因型AABB，2n=36。株高1.5~2.0 m，分枝性强，茎秆纤维多且坚硬，茎叶绿色或紫色。叶薄、表面粗糙，多有刺毛，叶色较深；基生叶琴形，缺刻深，具长柄；茎生叶，具短柄，不抱茎，呈披针形。花较小，花瓣较长，花瓣分离。果实瘦小，种子数较多，种子小，红褐色或黄色等，具辛辣味。

(3) 甘蓝型

甘蓝型油菜又称欧洲油菜，因其幼苗期叶片类似甘蓝而得此名，基因型AACC，2n=38。株高1.0~1.5 m，分枝部位及分枝居中，茎上有蜡粉。叶片绿色，被有蜡粉；基生叶大，有明显缺刻，有长柄；茎生叶无柄，叶基半抱茎，呈戟形。花大，花瓣圆形，花瓣呈覆瓦状排列。角果果柄与果轴成直角。种子大，黑色或褐色等。

【材料与工具】

1. 实验材料

三大油菜类型的液浸根系、花序、各种叶形的腊叶标本、不同类型颜色的种子。三大油菜类型各生育时期的新鲜植株及标本。

2. 实验工具

尺子、镊子、解剖针、体式显微镜、手持放大镜、培养皿、记录表、铅笔。

【方法与步骤】

1. 材料准备

提前半天准备需要观察的油菜新鲜材料,带回实验室备用。

2. 根的观察

选取不同油菜类型,观察不同油菜类型根系的发育情况,用尺子精确测量并记录主根长度;观察不同油菜的根系形状及其侧根的分布和长度。

3. 茎的观察

区分油菜的茎段部位,观察主茎的颜色,茎表面有无蜡粉和刺毛。根据各茎段的特点,认真观察分析缩茎段、伸长茎段和薹茎段的区别和生长位置。区分主茎和分枝,准确判断出3种分枝类型。

4. 叶的观察

区分子叶和真叶,观察不同油菜叶型区别,包括叶缘形态、叶的生长方式、叶色、叶片有无附着物等(包括蜡粉、刺毛有无及数量)。

5. 花的观察

用解剖针及镊子分解花,用放大镜或体式显微镜观察花萼、花瓣、雄蕊、雌蕊、蜜腺。从花外部向内,层层观察各部位。

6. 果实的观察

认识观察角果组成部分,包括果柄、果身、果喙、隔膜等,用尺子测量角果长度,数每角果粒数。

7. 种子的观察

观察不同油菜类型种皮颜色,种子形状、大小。

【注意事项】

1. 取材时选取生长正常的、各部分完整的、长势相近的植株,避免选取过好或过差的极端材料。
2. 测量时用同一测量工具连续测量,以减少误差。
3. 观察花构造时,防止破坏结构浪费试验材料。
4. 观察角果时,注意角果裂夹,最好先拿器皿接着再剥开,以防止人为误差。
5. 使用天平时要先调平。
6. 做完所有试验,保持所有试验器材调整至最初状态。

【思考与作业】

1. 影响分枝生长的因素有哪些?
2. 如何区分三大油菜类型?
3. 根据观察三大油菜类型的特征,思考不同油菜的栽培管理措施。
4. 选取3株油菜测量主根长度。
5. 至少绘制2种不同油菜类型植株形态图(包括各组织部位),并标明各部位的名称。

6. 观察油菜 3 种类型主要形态学特征，并列表说明。

7. 每种类型油菜选 3 个角果，列表记录角果长度和每角果粒数及种皮颜色。

实验 1-6 大豆形态特征观察及类型识别

【实验目的】

识别大豆各器官的形态特点，掌握大豆品种类型的识别方法。

【内容与原理】

本实验的主要内容包括识别不同类型栽培大豆的株形、叶形、花簇、种子、结荚的特征，并比较它们之间的差异。

(1) 根

栽培大豆是直根系作物，由主根，侧根和根毛组成。大部分根群分布在距地表 50 cm 的土层内。主、侧根尖端部分长有密集的根毛，具有根瘤。

(2) 茎

茎粗硬强韧，略圆而中实；幼嫩茎因品种呈紫色或绿色，一般紫色的开紫花，绿色的开白花；茎呈直立、蔓立、半蔓立 3 种形态；主茎上多丛生分枝，也有分枝少的。按照分枝数量，栽培品种的株形可以分为以下 3 类。

①主茎形。主茎发达，植株较高（图 1-35），节数较多，主茎上不分枝或分枝很少，分枝一般不超过 2 个，以主茎结荚为主。

②中间形。主茎比较坚韧，一般栽培条件下分枝 3~4 个，豆荚在主茎和分枝上分布较均衡。这类大豆在实际生产中的应用最为广泛。

③分枝形。主茎坚韧，强大，分枝能力强，在一般栽培条件下的分枝数可达 5 个以上，这类大豆的特点是分枝上的荚数一般多于主茎上。

(3) 叶

大豆的叶分为子叶、单叶和复叶。大豆叶为三出复叶，通常由 3 片小叶组成。幼苗出土后，子叶节上位的第一真叶为单叶，对生。复叶一般由 3 片小叶组成，中间小叶生在叶柄的尖端，其下对生左右 2 片小叶，3 片小叶在同一水平面上。小叶的形状因品种而异，可分为椭圆形、卵圆形、披针形和心形。

(4) 花

大豆的花为典型的蝶形花，由萼片、花萼、花冠、雄蕊和雌蕊组成，花冠由 1 枚大的旗瓣、2 枚翼瓣和 2 枚龙骨瓣组成（图 1-36）。花着生在叶腋间及茎的顶端，为短总状花序。花朵簇生在花梗上，叫作花簇。大豆花簇的大小及每个花簇上的花朵数量因品种而异。不同品种大豆的花簇可以按花轴长短分为 3 种类型。

①长轴型。花轴长 10~15 cm，每个花簇有 10~40 朵花。

②中轴型。花轴长 3~10 cm，每个花簇有 8~10 朵花。

③短轴型。花轴短，不超过 3 cm，每个花簇有 3~10 朵花。

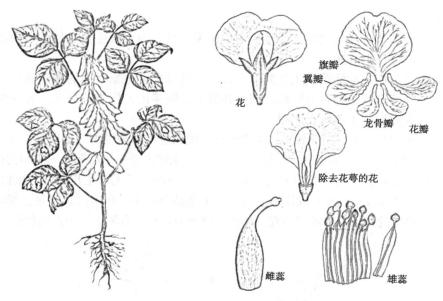

图 1-35 大豆植株　　　　图 1-36 大豆花的构造

(5) 种子

大豆种子可以通过形状、粒种和颜色进行分类。按形状可以将大豆分为圆形、椭圆形和长扁平形等(图 1-37)。鉴别种子形状以种子的长、宽、厚的相差数为标准。

①圆形。种子的长与宽相差 0.1 cm 以内,且宽厚相等。

②椭圆形。种子的长与宽相差 0.11~0.19 cm,且宽厚相等。

③长扁平形。种子的宽与厚相差 0.25 cm 以上。

按照大小可以把大豆分为大粒种、中粒种和小粒种。区分的标准常用百粒重表示,单位为克(g)。小粒种:百粒重 14 g 以下;中粒种:百粒重 14~20 g;大粒种:百粒重 20 g 以上。

大豆种子主要由种皮和胚构成,其中胚又包括胚芽、胚轴、胚根和子叶(图 1-38)。大豆种子按种皮颜色可以分为黄色、青色、褐色、黑色及双色 5 种。

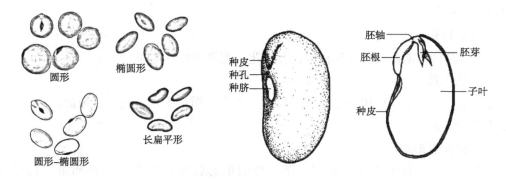

图 1-37 大豆种子的不同形态　　　　图 1-38 大豆种子的构造

(6) 结荚

大豆植株的结荚习性与大豆茎的生长密切相关,可分为无限生长习性、有限生长习性和亚有限生长习性(图1-39)。

①无限生长习性。在幼苗期主茎向上生长时,其基部第1复叶节的腋芽就能分化而首先开花,以后随着茎的上部各节顺次出现,各节上的腋芽也先后分化开花。开花顺序是由下而上的,在成熟以前主茎可以无限生长。

②有限生长习性。开花时间较晚。主茎生长高度超过成株高度的一半以后,才在茎的中上部开始开花,然后向上、向下逐节开花。以后,主茎顶端出现一个大花簇,茎即停止生长。

③亚有限生长习性。介于无限和有限生长习性之间而偏于无限生长习性。植株较高大,主茎较发达,分枝性较差。开花顺序由下而上,主茎结荚较多。在多雨、肥足、密植情况下表现无限生长习性的特征,在水肥适宜、稀植情况下表现近似有限生长习性的特征。

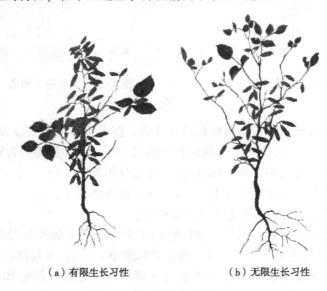

(a) 有限生长习性　　　　　(b) 无限生长习性

图1-39 大豆植株结荚习性

【材料与工具】

1. 实验材料

大豆各品种类型新鲜植株及标本;叶、花、荚果和根系标本。

2. 实验工具

解剖镜、放大镜、1/10电子天平、镊子、剪刀、游标卡尺、直尺、瓷盘。

【方法与步骤】

1. 观察大豆形态

取大豆植株,仔细观察大豆根、茎、枝的形态特征,以及叶、花和果实的形态及组成。

2. 鉴别大豆类型

从株形、分枝特性等方面的差异鉴别不同类型的大豆品种,并比较不同类型大豆间结荚特征的差异。

【注意事项】

用于观察的大豆样本应选取田间长势良好、地上部器官完整的植株，最好选取多株，用于重复观察和测量，减少误差。特别注意，所选大豆样本要尽量保证根系的完整性，向实验室内转移途中应避免器官凋落，并在田间取样后立即进行观察。

【思考与作业】

1. 同一类型大豆在不同区域栽培，是否会对大豆的形态产生影响？
2. 熟悉大豆根、茎、枝的形态特点，以及叶、花和果实的形态和组成。
3. 掌握不同类型大豆间的鉴别原理和差异特征。
4. 按照观察结果将不同类型大豆的形态特征区分列表，并根据观察结果撰写实验报告。
5. 总结大豆植株不同株形及不同开花结荚习性类型的主要区别。

实验1-7　棉花形态特征观察及类型识别

【实验目的】

1. 识别棉花各器官的形态特征。
2. 掌握果枝与叶枝的区别。
3. 了解4个栽培棉种的形态特征，并掌握识别方法。

【内容与原理】

棉花（*Gossypium* spp.）属被子植物锦葵科（Malvaceae）棉属（*Gossypium*），是唯一由种子生产纤维的农作物。其基本特征是主茎圆，分枝有营养枝和果枝两种；花大而明显，雄蕊多数，花丝下部联合呈管状，柱头裂片数与子房室数相等；果实为背面开裂的蒴果。棉属分为4个亚属、50个种，其中栽培种4个，即陆地棉（*G. hirsutum* L.）、海岛棉（*G. barbadense* L.）、中棉（*G. arboreum* L.，又称亚洲棉）、草棉（*G. herbaceum* L.，又称非洲棉），其余的都为野生种。

1. 陆地棉的主要植物学形态特征

（1）根

棉花根系属直根系。有粗壮的主根，由胚根前端的顶端分生组织发育而成。通常主根上着生4行侧根，侧根上又长出支根，支根上再生出许多毛根，幼嫩毛根前部表皮上生长许多根毛，从而形成庞大的根系网（图1-40）。

（2）主茎与分枝

①主茎。棉花主茎是由顶芽分化经单轴生长而成。顶芽分生组织不断分化叶和腋芽，形成着生叶的节，以及节与节之间的节间。节间依次伸长，使主茎增高（图1-41）。幼嫩的主茎横断面略呈五边形，成熟的老茎变为圆柱形。主茎颜色随发育也发生变化，嫩茎呈绿色、经长期阳光照射变成紫红色，所以生长期的棉株茎色多表现为下红上绿。

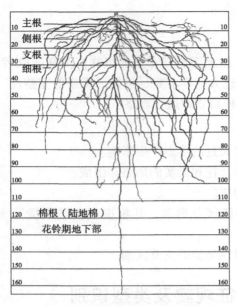

图1-40 棉花根部形态特征示意
（陆地棉花铃期）

图1-41 开花期棉株形态
（陆地棉开花期）

②分枝。在主茎生长发育的同时，节上不断分化侧生器官——叶和腋芽，腋芽再发育成叶枝或果枝（图1-42）。叶枝又称营养枝、油条、滑条，其上不直接着生花蕾，形态与主茎相似；果枝则直接着生花蕾。

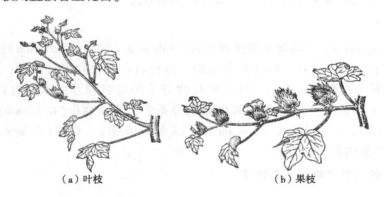

（a）叶枝　　　　　　　　　　（b）果枝

图1-42 棉花叶枝与果枝示意

③果枝类型。根据节数，果枝通常分为有限果枝和无限果枝两类（图1-43）。有限果枝类型又分为零式果枝与一式果枝。

零式果枝：无果节，铃柄直接着生在叶腋间。

一式果枝：只一个果节，果节很短，棉铃常丛生于果节顶端。

无限果枝：又称二式果枝。有多个果节，在条件适宜时，可不断延伸增节。

(3) 叶

棉叶可分为子叶、先出叶和真叶3种。真叶按其着生枝条的不同，又分为主茎叶、叶枝叶和果枝叶。

第1章　作物形态特征观察及类型识别 · 31 ·

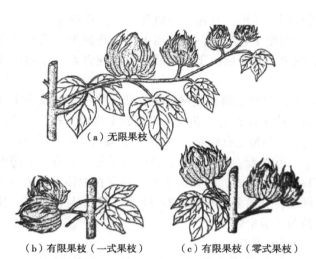

图 1-43　棉花果枝的类型
（中国农业科学院棉花研究所，2019）

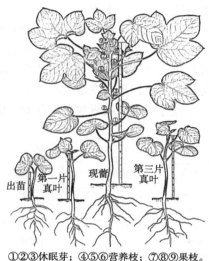

①②③休眠芽；④⑤⑥营养枝；⑦⑧⑨果枝。

图 1-44　棉花苗期和现蕾期
不同叶片的形态

①子叶。肾形，绿色，基点呈红色，宽约 5 cm，两片子叶对生。

②先出叶。先出叶为每个枝条和枝轴抽出前先出的第一片不完全叶。无叶柄、托叶，呈披针形、长椭圆形或不对称卵圆形。

③真叶。由托叶、叶柄及叶片 3 部分组成。托叶 2 枚着生在叶柄基部两侧。一般主茎叶的托叶为镰刀形，果枝叶的托叶近三角形。

真叶在主茎或分枝上排列的次序称为叶序。棉花主茎及叶枝上的真叶呈螺旋式互生，在果枝上则分左右两行交错排列（图 1-44）。陆地棉的主茎叶序为 3/8 螺旋式，即 8 片真叶围绕主茎或叶枝转 3 圈，第 9 叶与第一叶上下对应，相邻两叶平均绕轴 135°。

（4）花

由花芽分化至雌蕊分化期、肉眼可见到开花前的生殖器官称为蕾。蕾是花的雏形。随蕾的长大，花器各部分渐次发育成熟，即行开花。棉花的花属完全花，由花柄、苞叶、花萼、花冠、雄蕊和雌蕊组成（图 1-45）。

①花柄。又称花梗，位于花朵下面，一端与果枝相连，另一端顶部膨大称为花托，花柄起支持作用，同时又是各类营养物质由果节运向花器的主要通道。

②苞叶。位于花的最外层，3 片，绿色，呈三角形，上缘锯齿状，每片苞叶基部外侧有一下凹的蜜腺，称为苞外蜜腺。

③花萼。5 片联合成有 5 个突起的杯状，环绕在花冠基部，呈黄绿色。花萼基部的外侧，2 片苞

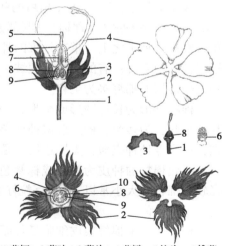

1.花柄；2.苞叶；3.萼片；4.花瓣；5.柱头；6.雄蕊；
7.花柱；8.子房；9.胚珠；10.蜜腺。

图 1-45　棉花的花部构造

叶之间各着生1个蜜腺。

④花冠。由5枚花瓣组成，花瓣近似倒三角形，互相重叠似覆瓦状。开花前4~5 d花冠生长加速，开花前一天下午急剧伸长，突出于苞叶外，开花当天由于花瓣生长的不平衡作用而使花冠开放。陆地棉花瓣多为乳白色，开花后由于日光照射形成花青素，花瓣即逐渐变成粉红色，最后变成紫红色。

⑤雄蕊。每朵花通常有雄蕊60~90枚，花丝基部彼此联合呈管状，包在花柱及子房外面，称为花粉管。花丝在雄蕊管上排成5棱，与花瓣对生，每棱上有两列。每根花丝顶端着生一肾形花药。

⑥雌蕊。包括柱头、花柱和子房3部分。子房由3~5心皮组成，形成3~5室，每室在中轴上倒生两列胚珠，一般多呈单数，7~11个。柱头上有纵棱，棱数与子房室数相同。

(5) 果实

棉花果实为蒴果，称为棉铃，俗称棉桃，由受精后的子房发育而成。开花结铃后，原来的花柄即变成铃柄。未成熟棉铃多呈绿色，铃面平滑，其内深藏多色素腺而呈暗点状。

棉铃通常根据铃尖、铃肩、铃面及铃基的形状，可分为圆球形、卵圆形和椭圆形等多种铃形。铃形是区别种及品种的重要性状。

棉铃经一定时间发育成熟后，铃壳裂开(图1-46)，铃内露出蓬松的籽棉，即为吐絮。不同发育时期的棉铃又分别称为幼铃和成铃。

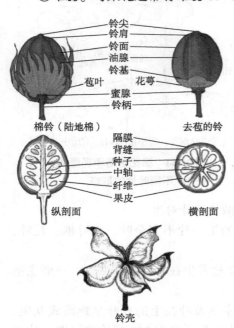

图1-46 棉铃的形态与构造

(6) 种子

棉花的种子(棉籽)由受精后的胚珠发育而成。棉籽为无胚乳种子，在构造上分为种皮(又称籽壳)和种胚(又称棉仁)两部分。种皮的外表皮细胞经突起、伸长形成棉纤维或棉短绒密被在种子之上。带有纤维的种子称为籽棉，籽棉轧去纤维后，棉籽外大多密被一层短绒，称为毛籽；有的棉籽无短绒，称为光籽；若在棉籽一端或两端长有短绒，称为短毛籽。陆地棉的棉籽多为毛籽。

棉籽外形为长椭圆形或梨形，一头尖，另一头钝圆(图1-47)。尖端为珠孔端，有一棘状突起，为残留种柄。残留种柄旁有一小孔，称为发芽孔，系珠孔遗迹。钝圆端为合点端，在合点处种壳薄，无栅栏层，是种子萌发时的主要吸水、通气通道。

成熟棉籽的种皮为黑色或棕褐色，壳硬。未成熟棉籽种皮呈红棕色、黄色乃至白色，壳软。棉籽的大小常以子指(百粒籽的质量)表示。

(7) 纤维

棉纤维是由棉籽表皮细胞延长而形成的单细胞，成熟的纤维呈细长扁状。棉纤维的主要成分是纤维素。纤维因其长短不同可分为长纤维和短纤维。

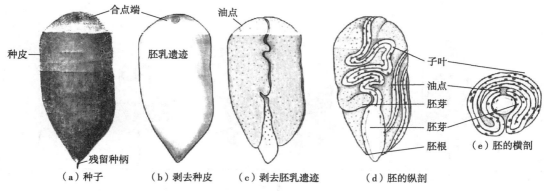

图 1-47　棉籽的形态与构造

2. 4个栽培棉种的主要形态特征

（1）陆地棉

陆地棉又称高原棉、美棉或细绒棉，原产墨西哥一带高原地区，为目前世界及我国种植面积最大和产量最多的一种棉花。为一年生亚灌木，株高中等，叶枝较少，茎坚硬。分枝发达，嫩枝、嫩叶上多被茸毛。叶中等大小，裂状，有3~5裂，苞叶三角形，边缘具有深而尖锐的锯齿，苞叶基部一般分离。花冠刚开时为乳白色，很快变红，花中等大小，棉铃较大，柄短，铃面光滑，有不明显的油点，棉铃一般4~5室，棉籽较大，具短绒，棉纤维大多为白色，品质较好。

（2）海岛棉

海岛棉也称长绒棉，原产南美洲，为纤维最细长的棉种。本种为多年生灌木或一年生草本，植株高1~3 m，分散，茎与分枝叶无毛为其特点。叶片较大，3~5裂，缺刻较陆地棉深。花较大，花冠黄色，基部有红心。花丝较短。棉铃较小，棉铃一般3~4室，圆锥形。铃面有明显的凹点及油腺，棉籽中等大小，光籽或毛籽。纤维细长，有丝光，品质好，是重要的纺织原料。

（3）中棉

中棉也称亚洲棉、粗绒棉，原产印度，因传入我国时间很久，故得名中棉。一年生灌木，植株较纤细，茎叶有茸毛。植株多呈圆筒形，叶片5~7裂，叶小而薄，裂口较深，叶柄短。花的苞片全缘或有浅锯齿，花萼有浅缺刻，花冠小，多为浅黄色，具红心。棉铃较小，呈三角锥形，铃尖下垂，铃面有凹点油腺，棉铃3~4室，铃柄细长。棉籽较小，纤维较粗而短，白色或淡棕色，品质较差。

（4）草棉

草棉又称非洲棉，原产非洲，因其纤维极粗短，且产量低，故已极少栽培。一年生小灌木，株形矮小，果枝短，主茎与分枝满布茸毛，叶小有3~7个裂片，裂刻极浅。苞叶上有6~8个宽齿。花小，花冠黄色，内有红心。棉铃极小，圆形，铃面光滑，3~4室。成熟时开裂很小。棉籽很小，多被短绒，纤维一般白色，细而短，品质差，无纺织价值。

4个栽培棉种的主要形态特征如图1-48所示。

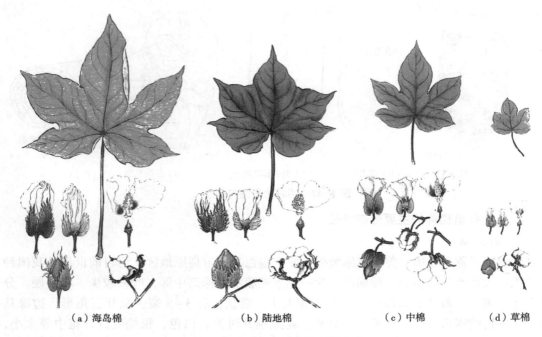

（a）海岛棉　　　　　（b）陆地棉　　　　　（c）中棉　　　（d）草棉

图 1-48　4 个栽培棉种的形态特征

【材料与工具】

1. 实验材料

陆地棉、海岛棉、中棉和草棉的花铃期植株，以及相应的叶、蕾、花、铃、籽棉、种子和纤维的实物、有关标本和挂图。

2. 实验工具

解剖镜、解剖刀、钢卷尺、刀片、镊子等。

【方法与步骤】

1. 棉花各器官植物学形态观察

对照实物和挂图，观察陆地棉的根、茎、叶、花、果实、种子和纤维，重点调查以下方面。

①观察根系形状、长短、数目。

②观察并测量子叶节的位置、茎高、茎粗、茎色、节间长度、节数。

③比较棉株果枝与叶枝的区别。

④识别不同叶片种类、真叶的构成、叶序。

⑤由外至内观察花器构造。

⑥观察棉铃的解剖结构。

⑦区分毛籽与光籽，观察种皮颜色、种子构成。

⑧在低倍镜下观察棉纤维的外形。

2. 4 个棉花栽培种识别

观察 4 个栽培棉种的主要形态特征，从株形、苞叶、真叶、花瓣、棉铃、种子等方面比较其异同。

【注意事项】

1. 注意棉花株高的测量标准为从子叶节到主茎上部生长点。
2. 棉纤维较细，可使用蛋清固着在载玻片上进行观察。

【思考与作业】

1. 为什么陆地棉能够成为种植面积最大的栽培种？
2. 列表说明果枝与叶枝形态上的区别，并绘制果枝与叶枝的模式图。
3. 绘制棉花花朵和棉铃的纵切面图，并注明各部分的名称。
4. 认真观察棉花各部器官的形态结构并比较四大棉种的相同与不同。填入表 1-11。

表 1-11　不同棉花栽培种的形态区别表

栽培种	陆地棉	海岛棉	中棉	草棉
主茎叶(大小、叶裂性状)				
花(花瓣大小、颜色，花瓣基部红斑有无)				
铃(形状、大小，铃面平滑或有肩或有凹陷)				
种子(光籽或毛籽，大小)				
纤维(纤维长短，纤维粗细)				
染色体数目				

实验 1-8　高粱形态特征观察及类型识别

【实验目的】

了解高粱的形态特征及类型，进一步加深对课堂讲授理论内容的记忆和理解。

【内容与原理】

本实验的主要内容是观察高粱植株，了解高粱的形态特征和不同类型高粱的特点。

1. 高粱形态特征观察

(1) 根

高粱的根为须根系，由初生根、次生根、支持根所组成。高粱根系发达，高粱植株 6~8 片叶时，入土深度通常可达 100~150 cm，完全长成的根系入土深度达 180 cm 以上。高粱根系的主要部分分布在耕作层。

①初生根。种子萌发时，首先突破种皮的一条根，即由胚根伸长形成的一条种子根，称为初生根。初生根对高粱幼苗水分和养分的吸收起着重要作用。

②次生根。一般幼苗长出 3~4 片叶时，从芽鞘基部长出几条次生不定根。以后随着

幼苗的生长，从地下各茎节的基部不断产生次生不定根，具有明显的层次，构成了高粱根系的主体。次生根的层次数量与品种有关，品种的叶片数量越多，次生根的层数就越多，反之就越少。

③支持根，又称气生根。拔节后在近地面1~3个茎节上长出几层支持根，支持根较粗壮，入土后形成许多分枝，有吸收养分、支持植株防止倒伏的作用。

（2）茎

高粱的茎秆直立，由节与节间组成，每节一叶。叶鞘围绕茎秆着生处为节，略微隆起。因高粱品种和成熟期不同，茎秆的节数也有所不同。一般早熟品种10~15节，中熟品种16~20节，晚熟品种20节以上，节数与叶数相同。高粱地下部也有5~8个密集而不伸长的节。高粱茎节的伸长从拔节开始，拔节后，茎秆伸长加快，以挑旗抽穗时生长最快，一般昼夜生长量可达6~10 cm，有些品种可达15 cm以上，开花期茎秆达最大高度。

高粱茎秆上有一较浅的纵沟，内有一个腋芽，通常处在休眠状态。在肥水条件充足时，生长点受伤后，茎上腋芽也能发育成分枝。同时，高粱在近地表的节上也可以产生分枝，称为分蘖。南方生育期长的地区，可利用这一特性进行高粱再生，多收一季。制种工作中，花期不遇或主穗受到伤害时，也可利用休眠芽萌发抽穗结实。

高粱茎秆实心。拔节之后，高粱节间表面覆盖着白色的蜡粉，蜡粉是表皮细胞的分泌物，既可防止或者减少体内水分的散失，又可防止外部水分的渗入，提升了高粱抗旱、耐涝能力。

（3）叶

高粱的叶片在茎节上互生，叶由叶鞘、叶片和叶舌组成。叶片中央有一较大主脉，主脉颜色可分为3种，半透明的绿色或近灰色、白色及黄色。叶片与叶鞘相连，叶鞘包于茎秆上，叶鞘有保护节间的作用，也可以进行光合作用，同时具有贮藏养分的功能。拔节以后，叶鞘常有蜡粉状物质；孕穗后，高粱叶鞘中薄壁细胞破坏死亡形成通气空腔，与根系空腔通气组织相连通，有利于气体交换，增强高粱的耐涝能力。

（4）穗

高粱花序呈圆锥状，故称圆锥花序，着生于穗柄顶端。抽穗前，旗叶叶鞘包被着花序，呈鼓苞状，俗称"打苞"。抽穗时，花序从叶鞘中露出。多数品种花序完全伸出叶鞘。穗柄伸出叶鞘的状态有两种：一种直立，另一种弯曲。多数品种的圆锥花序有一直立的主轴，即穗轴。穗轴由4~10节组成，每节轮生5~10个一级分枝。一级分枝上长出二、三级分枝，小穗着生在二、三级分枝上（图1-49）。成对小穗中，较大的是无柄小穗，较小的是有柄小穗。无柄小穗内有2朵小花，上方的为可育花，下方的为退化花。有柄小穗比较狭长，成熟时或宿存或脱落。有柄小穗也含有两朵小花，一朵完全退化，另一朵只有雄蕊正常发育，为单性雄花（图1-50）。

2. 高粱类型识别

普通高粱根据植物学性状可分为两个亚种。

（1）散穗高粱

穗形松散。因穗轴及侧枝的长短不同有以下两种类型。

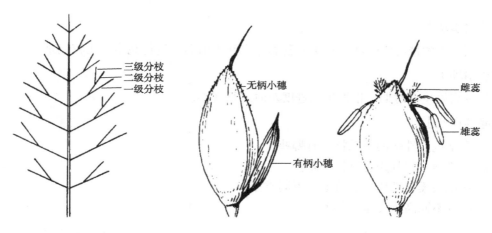

图 1-49 高粱穗分枝示意

图 1-50 高粱的小穗
（引自《中国农业百科全书》，1991）

①直散穗形，有长的穗轴和较短的分散侧枝。

②下垂散穗形，具有短的穗轴和长的分散侧枝（图1-51）。

（2）密穗高粱

花序紧密，分枝很短，且密集在一起。在这个亚种中，根据穗柄的直立与弯曲也分为两个类型（图1-51）。

①穗柄直立，穗与茎均直立朝上。

②穗柄向下弯曲型，即茎的顶端向下弯曲，穗向下垂。

这些亚种及类型的形态差别主要表现在花序结构上的穗茎顶端的弯曲与直立，穗轴的长短，穗轴上分枝的稀密，分枝的长短及分散的方向等。

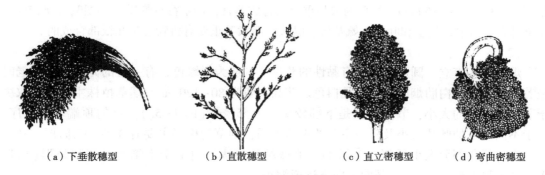

(a) 下垂散穗型　　(b) 直散穗型　　(c) 直立密穗型　　(d) 弯曲密穗型

图 1-51 高粱穗的类型
（引自《中国农业百科全书》，1991）

【材料与工具】

1. 实验材料

高粱植株标本、不同类型高粱果穗。

2. 实验工具

卷尺、铁锹、小铲、镊子、解剖针、放大镜。

【方法与步骤】

根据高粱的植物学性状，对主要营养器官和生殖器官进行观察并比较记录。

【注意事项】

记录高粱生育时期，根据生长进度及时进行观察。

【思考与作业】

1. 高粱抗逆性强的形态特征有哪些？
2. 高粱穗形与其用途有何关系？
3. 熟记高粱各部位形态特征及不同类型。
4. 绘制不同高粱类型穗部图。

实验 1-9　烟草形态特征及主要类型识别

【实验目的】

识别红花烟草和黄花烟草的植物学特征及品种间的区别。

【内容与原理】

本实验的主要内容包括观察烟草的植物学形态，比较红花烟草和黄花烟草植株各部位的特征；比较烤烟、晒烟、白肋烟和香料烟的异同。

1. 烟草植物学形态观察

（1）根

烟草根属圆锥根系由主根、侧根和不定根3部分组成。根系的80%分布在0~40 cm的耕作层中，根深可达150 cm。烟草的根是重要的合成器官，烟草特有物质——烟碱有99.5%是在根部合成后输送到茎和叶的，氨基酸、酰胺、激素等重要有机物也是在根部合成的。

（2）茎

烟草的茎直立、圆形，表面有黏性的茸毛，一般为鲜绿色，有一定的光合能力，老时呈黄绿色，只有白肋烟的主茎是乳白色。茎高一般为80~120 cm。烟草植株主茎高度取决于节数和节距的大小，节间一般是下部较短，上部较长（图1-52）。茎的顶端着生花序。由于不同部位的叶片大小及其与主茎的夹角不同，烟草的株形主要有3种：①筒形。植株上、中、下各部分大小近似。②塔形。植株基部最大，由下至上渐小。③腰鼓形（橄榄形）。植株中部最大，由中部向上向下逐渐缩小。

（3）叶

烟草的叶片是没有托叶的不完全叶，除黄花烟草和少数晒烟品种外，多数烟草种类无叶柄。烟草叶片大小因品种而异，小的仅有7~10 cm，大的可长达60 cm以上。多数品种的叶面积指数为0.63左右。叶片的形状可分为椭圆形、长椭圆形、宽椭圆形、卵圆形、长卵圆形、宽卵圆形、披针形和心形。单株有效叶片数因类型和品种而异。一般每株有20~35片，少的10多片，多的可达100多片。生产上将单株上的叶片按着生部分为5组，自上而下分别是脚叶、下二棚、腰叶、上二棚和顶叶。

（4）花

烟草的花序为聚伞花序，烟草植株顶端着生1枚单花，在花柄的基部，以分枝的形式长出3个花茎（图1-53）。花冠呈漏斗形，圆筒形等，粉红或淡黄色。花瓣呈五角形突起，花萼管状或钟状，雄蕊5枚，4长1短，雌蕊1枚，柱头二裂自花授粉，天然杂交率5%左右。

图1-52　烟草植株

图1-53　烟草的花

（5）果实

烟草的果实为蒴果，果实形状呈长卵圆形，成熟时花萼宿存，子房2室，内含2000~4000粒种子。种子很小，千粒重为50~260 mg，黄花烟草种子较大，千粒重为普通烟草种子质量的3倍以上。种子颜色一般呈淡褐色至深褐色，形态不一，表面有凹凸不平的网状花纹。我国烤烟种子的利用年限一般为2年。

2. 红花烟草与黄花烟草主要特点比较

烟草主要的两个栽培品种的特点比较见表1-12。

表1-12　红花烟草和黄花烟草主要特点比较

项目	红花烟草	黄花烟草
生长习性	生长期长，耐旱性较差，宜于温暖地区种植	生长期短，耐旱性强，宜于较寒冷地区种植
根系	根系发达，入土深，可达50~60 cm	根系欠发达，入土浅，为30~40 cm
茎	植株高大，高100~300 cm，或者更高，圆形，外生茸毛	植株不高，60~130 cm，多呈棱形，茸毛较多，分枝性较强
叶	有叶柄或无叶柄，边缘有短翼，叶多呈柳叶形或榆叶形，叶片大，较薄，叶色较淡，每株20~30片，也有多达100片，尼古丁含量较少，为1.5%~3.0%	有明显的叶柄，叶片多呈心形，叶片较小，叶色深，每株10~15片，尼古丁含量较高，为2%~15%
花	花大，花冠淡红色，喇叭状	花较小，花冠黄绿色，呈圆筒形
果实种子	蒴果大而长，卵形，种子小，褐色，千粒重50~90 mg	蒴果小而短，圆球形，种子较大，暗褐色，千粒重200~250 mg

3. 烟叶商品类型观察

(1) 烤烟

烤烟是利用烤烟房烘烤设备进行加温，使烟叶水分蒸发变干燥。烤后叶片呈金黄色，是卷烟的主要原料。烤烟的栽培过程中不宜施用过多的氮肥。在烟草的商品类型中，烤烟含糖量最高，蛋白质含量最低，烟碱含量适中。

(2) 晒烟

晒烟是利用太阳光将烟叶晒干。晒烟既可用作烤烟的原料，也可作为雪茄烟、斗烟等原料。由于晒制方法不同又分为晒黄烟和晒红烟两种。晒黄烟的外观特征与烤烟较为接近，但生长习性和化学物质含量与烤烟差异较大。晒黄烟生长需较多氮素，烟叶含糖量较低，蛋白质和烟碱含量较高，烟味浓，劲头大。

(3) 晾烟

晾烟是将烟叶悬挂于晾房或荫蔽处，利用通风使其自然干燥。晾烟主要用于制作混合卷烟、雪茄烟、雪茄外包皮、斗烟等。晾烟具有尼古丁含量低，含糖量低的特点，叶片较薄，具有特殊香气。

(4) 白肋烟

白肋烟的茎和叶脉呈乳白色，这是白肋烟区别于其他烟草类型最明显的特征。白肋烟的生长需要土壤肥沃、水热充足的环境，生长过程中对氮素的要求也比烤烟高。白肋烟叶片较薄，糖分含量较少，但烟碱和氮含量要高于烤烟。

(5) 香料烟

香料烟是制备混合型卷烟的重要原料，又称东方型烟或土耳其烟。香料烟的株形和叶片较小，味芳香。香料烟对土壤环境和营养元素的需求较低，适宜密植，但要注意施肥量，特别是控制氮肥的施用。香料烟烟碱含量和氮化物均略高于烤烟，但含糖量较低。

(6) 野生烟

野生烟是指烟属中除普通烟草和黄花烟草外的所有烟草野生种。这些野生种形态各异，从未被大面积种植。近年来，在对野生烟草的研究中发现了栽培烟草不具备的抗虫抗病基因，并成功转移到栽培烟草上，选育出抗虫抗病的新品种。部分野生种花色艳丽，气味芳香，被用作观赏植物少量种植，具备一定的经济价值。

【材料与工具】

1. 实验材料

红花烟草和黄花烟草的植株。烤烟、晒烟、晾烟、白肋烟、香料烟等调制干叶。

2. 实验工具

放大镜、米尺。

【方法与步骤】

1. 观察烟草形态

观察烟草根、茎的形态特点，以及叶、花和果实的形态及组成。

2. 鉴别红花烟草和黄花烟草

从形态特征等方面的差异鉴别两种类型的烟草品种，比较两种类型烟草间生长习性的差异。

【注意事项】

用于观察的烟草样本应选取田间长势良好，地上部器官完整的植株，最好选取多株，用于重复观察和测量，减少误差。特别注意，所选烟草样本要尽量保证根系的完整性，并在田间取样后立即进行观察。

【思考与作业】

1. 思考烟草的商品类型与栽培品种之间的关系。
2. 根据观察，将红花烟草和黄花烟草植株的形态特点填入表 1-13。

表 1-13 红花烟草和黄花烟草的性状比较

烟种	茎高(cm)	叶				花			果实		种子		
		叶形	叶表面	叶柄	厚薄	颜色	大小	花形	形状	大小	形状	颜色	千粒重
红花烟草													
黄花烟草													

实验 1-10　亚麻形态特征观察及类型识别

【实验目的】

1. 掌握 3 种亚麻类型的植株主要形态特征。
2. 根据亚麻植株的形态特征差异，识别 3 种亚麻类型。

【内容与原理】

本实验的主要内容包括在 3 种亚麻类型的盛花期和成熟期，到田间观察或测量亚麻植株的株高、茎秆直径，观察花序大小及颜色、分枝习性、蒴果数、千粒重、蒴果大小、蒴果种子粒数；根据 3 种亚麻类型的播种日期和收获日期计算各亚麻类型的生育期，并比较其植株性状差异及生育期长短。

1. 3 种亚麻类型植株主要形态特征

（1）油用亚麻（胡麻）植株的形态特征

①根。根为直根系，主根细长，入土深度可达 1 m 左右，侧根多而纤细，主要分布在 0~30 cm 土层中。

②茎。茎呈圆柱形，表面光滑并附有蜡粉。株高 30~60 cm，茎有上部分枝和下部分枝两种，下部分枝又称为分茎。

③叶。叶互生，无叶柄和托叶，叶面有蜡粉。

④花。花序为伞形总状花序，着生于主茎及分枝的顶端，花有 2 柄，有萼片、花

瓣、雄蕊各5枚，雌蕊1枚，柱头5裂；子房5室，每室又被中隔膜分为2小室，每小室有胚珠1枚。花的颜色因品种不同，有蓝色、白色、红色、黄色等，以蓝色或白色居多。

⑤果实。为球形蒴果，发育完全的蒴果应有10粒种子，少的也有8粒左右。在干燥条件下容易裂果落粒。种子扁卵圆形，淡黄至棕褐色，千粒重为4~12 g。

(2) 纤维用亚麻植株的形态特征

①根。根为直根系，主根入土100~150 cm，侧根分布在5~10 cm的土层内，根系相对不发达。

②茎。茎呈圆柱形，浅绿色，成熟后变黄，表面光滑附有蜡质。株高60~120 cm，茎中部直径1~2 mm，密植条件下，茎通常是单茎，上部有少量分枝(花枝)。

③叶。叶全缘，无叶柄和托叶。下部叶片较小，呈匙形；中部叶片较大，呈纺锤形；上部叶片细长，呈披针形或线形。一株亚麻能生出50~120枚叶，叶长1.5~3.0 cm，宽0.3~0.8 cm。下部6~8片叶互生，其他叶片呈螺旋状着生于茎的外围。

④花。花单生于枝顶或枝的上部叶腋，组成疏散的聚伞花序。花多蓝色(由浅蓝到蓝紫色)或白色。每朵花有花萼5枚、花瓣5枚、雄蕊5枚、雌蕊1枚；子房呈球形5室，每室由半隔膜分为两半，各含1枚胚珠，自花授粉。

⑤果实。蒴果呈桃状(俗称麻桃)，成熟时呈黄褐色，直径5.8~10.5 mm，每个蒴果可结10粒种子。种子扁卵圆形，尖端稍狭而弯，似鸟嘴状，表面平滑有光泽，多为褐色(由浅褐到深褐)。种子长3.2~4.8 mm，宽1.5~2.8 mm，厚度0.5~1.2 mm，千粒重3.5~4.8 g。

(3) 油纤兼用亚麻植株的形态特征

茎秆粗细、高度均介于纤维用亚麻与油用亚麻之间，茎基部有少量分枝，上部分枝多，单株蒴果数也较多。

2. 3种亚麻类型植株形态特征比较(表1-14)

(1) 株高

油用亚麻株高在30~60 cm，纤维用亚麻株高在60~120 cm，油纤兼用亚麻株高介于油用亚麻与纤维用亚麻之间。

(2) 茎粗

油用亚麻茎秆粗壮；纤维用亚麻茎秆细；油纤兼用亚麻茎秆粗细介于两者之间。

(3) 分枝数量

油用亚麻基部分枝多，上部分枝更多；纤维用亚麻基部分枝很少，上部有少量分枝；油纤兼用亚麻基部有少量分枝，上部分枝较多。

(4) 蒴果数量

油用亚麻蒴果数量多，种子分大粒和小粒两种；纤维用亚麻蒴果数量少，小，千粒重低；油纤兼用亚麻蒴果数量较多。

(5) 生育期

纤维用亚麻生育期70~80 d；油用亚麻生育期90~120 d；油纤兼用亚麻生育期85~110 d。

表 1-14　3 种类型亚麻的植株形态特征比较

植株性状	油用亚麻	纤维用亚麻	油纤兼用亚麻
株高（cm）	30~60	60~120	中等
茎粗	粗	细	中等
分枝数量	多	少	中等
蒴果数量	多而大	少而小	中等
生育期	长	短	中等
种子大小	大	小	中等
纤维质量	差	好	中等
主要用途	榨油和种子	纤维	纤维、榨油

【材料与工具】

1. 实验材料

待测 3 种亚麻类型样本。

2. 实验工具

铅笔、记录本、钢卷尺、游标卡尺、电子天平。

【方法与步骤】

1. 测量株高

亚麻盛花期或成熟期从茎秆基部至顶部蒴果部位的高度，随机测量 10 株，每株为单株株高，10 株取平均值作为群体株高。

2. 测量茎粗

茎粗即茎秆直径，亚麻盛花期或成熟期用游标卡尺测量茎秆基部直径，随机测量 10 株，每株为单株茎粗，10 株取平均值作为群体茎粗。

3. 调查分枝习性

亚麻盛花期或成熟期随机调查 10 株，计数植株基部除主茎之外的分枝数作为单株分茎数，10 株取平均值作为群体单株分茎数；计数植株上部分枝的数目作为单株分枝数，10 株取平均值作为群体单株分枝数。

4. 观察花色

亚麻盛花期观察花序的大小及颜色。

5. 调查蒴果数

亚麻成熟期随机采集植株样本 10 株，计数植株主茎及分枝上的蒴果数作为单株蒴果数，10 株取平均值作为群体单株蒴果数。

6. 测量蒴果大小

在亚麻成熟期植株的上、中、下 3 个部位，取其蒴果 10~20 个，量测蒴果横断面直径，求其平均数作为每蒴果大小。

7. 调查蒴果种子粒数

在亚麻成熟期植株的上、中、下3个部位，取其蒴果30~50个，计数每个蒴果着生种子粒数，求其平均值作为每蒴果种子粒数。

8. 测定千粒重

亚麻成熟期随机采集植株样品30~50株，晾晒后脱粒，计数1000粒种子并称重，重复3次，取平均值作为千粒重。

9. 计算生育期

根据3种亚麻类型的播种日期和成熟期，计算从播种到成熟持续的总天数即为亚麻生育期。

【注意事项】

调查的植株或采集的样品要具有代表性。

【思考与作业】

1. 亚麻的植株形态特征与哪些环境因素有关？各环境因素如何影响亚麻植株形态特征？

2. 根据3种亚麻类型的植株生物学特性，结合当地气候条件，分析当地亚麻生产的适应性。

3. 观察3种亚麻类型的植株形态特征，并列表比较。

第 2 章

作物生育动态观测与田间诊断

实验 2-1　小麦种子发芽特征观察

【实验目的】

1. 熟悉小麦种子的发芽条件，掌握标准发芽试验的操作技术。
2. 掌握正确的小麦种子发芽特征观察方法，并学习计算种子发芽率的方法。

【内容与原理】

种子发芽需要适宜的水分、温度和氧气。根据种子萌发所需的外界条件控制发芽所需条件，即根据作物种子种类选择合适的发芽床、适宜的发芽温度，保持发芽床适宜的水分，以获得准确、可靠的种子发芽试验结果。

本实验的主要内容包括观察小麦种子发芽特征，计算种子的发芽率。

【材料与工具】

1. 实验材料

小麦种子。

2. 实验工具

种子发芽箱、数粒仪、恒温干燥箱、发芽盒、吸水纸、消毒砂、镊子、温度计（0~100℃）、烧杯（200 mL）、标签纸、滴瓶等。

【方法与步骤】

1. 数取试样

随机数取种子 100 粒/次，重复 4 次。

2. 准备发芽床

按《农作物种子检验规程 扦样》（GB 3543.2—1995）规定，根据作物种类选择适宜的发芽床，大粒种子宜用砂床或纸床，中、小粒种子宜用纸床。

纸床用的发芽纸、滤纸或吸水纸等，应具有一定的强度，质地好、吸水性强、保水性好、无毒无菌、清洁干净，不含可溶性色素或其他化学物质。

砂床一般用无化学污染的细砂或清水砂为材料，使用前过筛（0.80 mm 和 0.05 mm 孔径的土壤筛），洗涤后放入搪瓷盘内，摊薄，在 120~140℃ 高温下烘 3 h 以上。

3. 种子置床

①砂床。种子置于湿润砂的表层。

②砂中。种子置于平整的湿润砂上，再覆盖一层 10~20 mm 的松散砂。

③纸床。将滤纸等平铺在发芽皿内，加水至饱和，摆上种子，上盖。

④纸间。把种子放在两层纸中间发芽。

4. 贴写标签

在发芽皿底盘的外侧贴上标签，写明样品号码、置床日期、品种名称、重复次数等，并登记在发芽实验记录簿上。

5. 发芽

将小麦种子放入发芽箱，在恒温（20℃）、恒湿（70%~80%）条件下培养。

6. 检查管理

每天检查一次，定时定量补水，表面发霉应取出洗涤后放回，严重发霉（超过 5%）时更换发芽床，腐烂的种子及时取出并记录。

7. 幼苗鉴定

在发芽实验过程中，按计算发芽率的规定日期观察记录一次。如果发芽率的规定日期在 7 d 以上的，应增加记录次数。记录应根据正常幼苗和不正常幼苗的鉴定标准，结合该种作物幼苗的形态特征逐一进行观察。在初次和中间记录时，将符合标准的正常幼苗、腐烂种子取出并记录，未达到正常幼苗标准的小苗、畸形苗和未发芽的种子继续留在芽床上入箱发芽。末次记录时，要把每株幼苗分别取出，对其根系、幼苗中轴、子叶、芽鞘等构造仔细观察鉴定，将正常幼苗、不正常幼苗、硬实种子、新鲜不发芽的种子、腐烂霉变等死种子分别计数。

8. 结果报告

种子发芽实验结果要以正常幼苗、不正常幼苗、硬实种子、新鲜不发芽种子和死种子的百分率表示。各部分的总和应为 100% 且达到容许差距，填写到种子发芽试验记录表中。若其中某项结果为零，则需填入"0"。同时还要填报采用的发芽床、温度、实验持续时间以及发芽前的处理方法（表 2-1）。

【注意事项】

1. 注意通气，使用玻璃培养皿作发芽容器时，应注意加盖后的通气情况，特别是大粒种子发芽应当经常揭开盖子充分换气。

2. 幼苗鉴定时，初次、末次计数的时间，小麦为第 4 天和第 8 天。天数以置床后 24 h 为 1 d 推算，且不包括种子预处理的时间。发芽试验所用的实际天数应在检验结果报告中写明。

【思考与作业】

1. 简述进行小麦种子发芽特征观察的意义与作用。

2. 进行小麦种子发芽实验，并记录发芽特征。

3. 计算小麦种子发芽率。

表 2-1　种子发芽试验记录表

样品编号		置床日期		试验人	
作物名称		品种名称		每个重复置床种子数(粒)	
发芽前处理		发芽床		发芽温度(℃)		持续时间(d)	

记载日期	记载天数	重复																	
		Ⅰ					Ⅱ					Ⅲ					Ⅳ			
		正	硬	新	不	死	正	硬	新	不	死	正	硬	新	不	死	正	硬	新	不	死
小计																					

试验结果	正常幼苗(%)		附加说明：
	硬实种子(%)		
	新鲜不发芽种子(%)		
	不正常幼苗(%)		
	死种子(%)		

注："正"代表正常幼苗；"硬"代表硬实种子；"新"代表新鲜不发芽种子；"不"代表不正常幼苗；"死"代表死种子。

实验 2-2　小麦分蘖特性观察

【实验目的】

1. 熟悉分蘖期麦苗的形态特征。
2. 了解主茎叶片与分蘖发生的同伸关系。

【内容与原理】

小麦的分蘖是发生在地下不伸长的茎节上的分枝，发生分蘖的地下节群紧缩在一起，称分蘖节。幼苗时期，分蘖节不断分化出叶片、蘖芽和次生根(图 2-1)。每个分蘖的第一片叶为不完全叶，薄膜鞘状，称为蘖鞘，用 P 表示。分蘖的出现通常以其第一片完全叶伸出分蘖鞘 1.5~2.0 cm 为标志，为了便于研究，通常以 0 代表主茎，C 表示由胚芽鞘腋长出的分蘖(胚芽鞘蘖)，Ⅰ，Ⅱ，Ⅲ，…代表由下至上着生于主茎第 1，2，3，…片真叶叶腋中的一级分蘖的蘖位；由一级分蘖长出的二级分蘖，用 I_p，I_1，I_2，…表示；由二级分蘖长出的三级分蘖，用 I_{p-p}，I_{1-p}，I_{p-1}，II_{p-p}，…表示，依次类推(图 2-2)。

本实验的主要内容包括观察分蘖期小麦幼苗形态；观察分蘖的出现并分析其同伸关系。

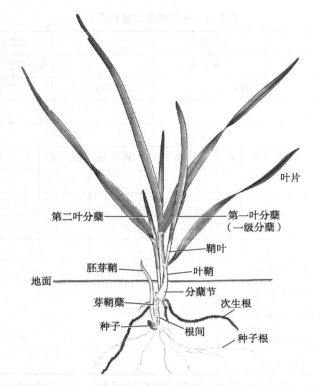

图 2-1 小麦幼苗的构造

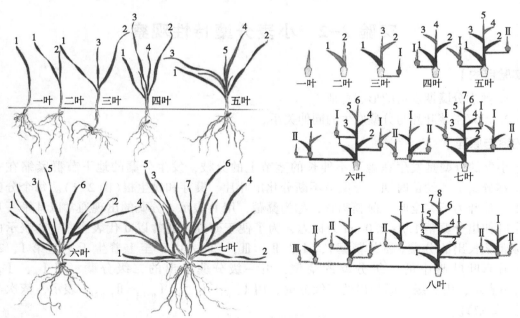

1.全展叶；2.半展叶；3.初伸叶；4.鞘叶；5.胚芽鞘；
6.胚芽鞘蘖；1~8.主茎叶龄；Ⅰ~Ⅲ分蘖级位。

图 2-2 小麦出叶与出蘖模拟图

【材料与工具】

1. 实验材料

不同叶龄的麦苗和相应的挂图。

2. 实验工具

直尺、计算器等。

【方法与步骤】

1. 小麦幼苗形态观察

取一株分蘖期麦苗，对照挂图认识小麦幼苗的形态结构。

（1）种子根

种子根又叫胚根或初生根。种子萌发时先由胚根鞘中长出 1 条主胚根，随后长出侧胚根。一般有 3~7 条。

（2）次生根

次生根又称节根，着生于茎基部的节上，与分蘖几乎同时发生。一般主茎每发生 1 个分蘖，就在分蘖节上的主茎叶鞘基部长出次生根，在形态上比种子根粗。

（3）盾片

与种子根在一起，位于地中茎下端，呈光滑的圆盘状，与胚芽鞘在同一侧。

（4）胚芽鞘

种子萌发后，胚芽鞘首先伸出地面，为一透明的细管状物，顶端有孔，见光开裂，停止生长，到麦苗分蘖以后，它位于地中茎下端。

（5）地中茎

地中茎指胚芽鞘节与第一叶节之间出现的一段乳白色的细茎。

（6）分蘖节

发生分蘖的节称为分蘖节。

（7）分蘖鞘（鞘叶）

分蘖鞘在形态上与胚芽鞘相似，是只有叶鞘没有叶片的不完全叶。

2. 分蘖的出现及同伸关系

取主茎叶龄 3、5、7 的麦苗进行观察。小麦幼苗长出第三叶时，由胚芽鞘腋间长出第一个分蘖，由于胚芽鞘入土较深，胚芽鞘分蘖常受制，一般只有在良好的条件下才能发生。

当主茎第四叶伸出时，在主茎第一叶的叶腋间长出一个分蘖（主茎第一分蘖）。当主茎第五片叶伸出时，在主茎第二叶的叶腋间又生出一个分蘖（主茎第二分蘖），依此类推。着生于主茎上的分蘖称为一级蘖。当一级分蘖的第三片叶伸出时，在其分蘖鞘腋间产生一个分蘖，以后每增加一叶，也按叶位顺序增长分蘖（表 2-2）。

【注意事项】

1. 胚芽鞘分蘖与主茎出叶的同伸关系很不稳定，要根据大量实际资料归纳。

2. 上述叶蘖同伸关系是一种理论模式，与田间实际出蘖情况并不一定完全吻合。当水肥不足或栽培技术不当时，同伸关系破坏，甚至形成"缺位"现象，如播种过深时，一级

表 2-2　主茎叶片的出现与各级各位分蘖的同伸关系

主茎叶位	同伸的蘖节分蘖			同伸组蘖节分蘖数	单株总茎数（包括主茎）	胚芽鞘蘖	胚芽鞘蘖的二级分蘖
	一级分蘖	二级分蘖	三级分蘖				
1/0							
2/0							
3/0				0	1	C	
4/0	I			1	2		
5/0	II			1	3		C_p
6/0	III	I_p		2	5		C_1
7/0	IV	I_1, II_p		3	8		C_2
8/0	V	I_2, II_1, III_p	I_{p-p}	5	13		
9/0	VI	I_3, II_2, III_1, IV_p	I_{1-p}, I_{p-1}, II_{p-p}	8	21		

分蘖常不出现。

【思考与作业】

1. 思考从小麦分蘖发生构建小麦合理群体结构的途径。
2. 写出五叶龄时麦苗的理论分蘖数及该同伸组各位次的名称。
3. 绘制一株七叶龄麦苗的出叶与出蘖模式图。

实验 2-3　小麦幼穗分化的观察

【实验目的】

1. 掌握小麦幼穗分化各时期的形态特征。
2. 了解小麦幼穗分化过程与植株外部形态、生育时期的对应关系。

【内容与原理】

本实验的主要内容包括观察小麦幼穗分化各时期的形态特征（图 2-3）；观察小麦幼穗分化各时期与植株外部形态、生育时期的对应关系。

1. 生长锥伸长期

生长锥伸长，高度大于宽度，标志着由茎叶原基分化开始向穗的分化过渡。此时植株处冬前或返青期。

2. 单棱期（穗轴节片分化期）

生长锥进一步伸长，在其基部自下而上分化出环状苞叶原基突起，由于苞叶原基呈棱形，故称单棱期。苞叶原基出现后不久即退化，两苞叶原基之间形成穗轴节片。此时植株春生第一片叶伸长。

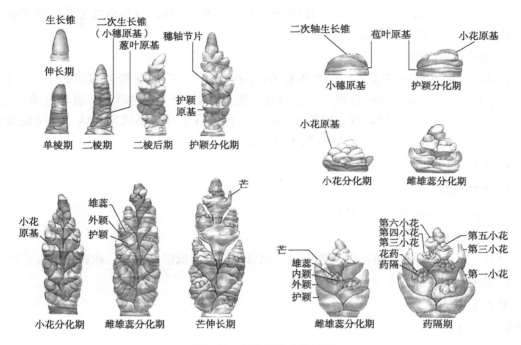

图 2-3 小麦幼穗分化过程

3. 二棱期(小穗原基分化期)

在生长锥中下部苞叶原基叶腋内出现小突起，即小穗原基。之后向上向下在苞叶原基叶腋内继续出现小穗原基。因小穗原基与苞叶原基相间呈二棱状，故称二棱期。此时植株年后第二叶伸长，春一叶与越冬交接叶的叶耳距达 1.5~2.0 cm，正值小麦起身期。

4. 颖片原基分化期

二棱末期后不久，由最先出现的小穗原基两侧，各分化出一浅裂片突起，即颖片原基，位于中间的组织，以后分化形成小穗轴和小花。此时植株春生第二叶展开，第三叶露尖。

5. 小花原基分化期

在最先出现的小穗原基基部分化出颖片原基后不久，即在颖片原基内侧分化出第一小花的外颖原基，进入小花原基分化期。

6. 雌雄蕊原基分化期

当幼穗中部小穗出现 3~4 个小花原基时，其基部小花的生长点几乎同时分化出内颖和 3 个半圆球形雄蕊原基突起，稍后在 3 个雄蕊原基间出现雌蕊原基，即进入雌雄蕊原基分化期。此时植株春生第四片叶伸长，第一节间长 3~4 cm，第一节离地面 1.5~2.0 cm，正值拔节期。

7. 药隔形成期

雄蕊原基体积进一步增大，并沿中部自顶向下出现微凹纵沟。之后，花药分成 4 个花粉囊。同时，雌蕊原基顶部也凹陷，逐渐分化出两枚柱头突起，以后继续生长形成羽状柱头。此时植株春生第五叶伸长。

8. 四分体形成期

形成药隔的花药进一步发育、在花粉囊（小孢子囊）内形成花粉母细胞（小孢子母细胞）。与此同时，雌蕊柱头明显伸长呈二歧状，胚囊（大孢子囊）内形成胚囊母细胞（大孢子母细胞）。花粉母细胞经减数分裂形成二分体，再经有丝分裂形成四分体。此时植株旗叶全部展开，其叶耳与下一叶的叶耳距3~5 cm。

【材料与工具】

1. 实验材料

不同叶龄的麦苗和相应的挂图。

2. 实验工具

剪刀、刀片、镊子、解剖针、放大镜、双目解剖镜或低倍显微镜、载玻片、盖玻片。

3. 实验药剂

醋酸洋红。

【方法与步骤】

①选取的小麦主茎，去掉根、叶片，然后将叶鞘剥开去掉。

②当露出发黄心叶时，用解剖针从纵卷叶片的叶缘交接处，沿顺时针或逆时针方向从基部把叶片去掉，直至露出透明发亮的生长锥。

③用放大镜或显微镜进行观察。

④观察四分体时，选微黄绿色的花药作材料，用镊子将花药放于载玻片上，盖上盖玻片，轻轻压出四分体，用醋酸洋红染色，然后镜检。

【注意事项】

1. 小麦幼穗分化，主茎开始较早，分蘖较迟，一般以主茎为观察对象。
2. 在放大镜或显微镜下检视时，要从幼穗的正面、侧面、基部、中部、上部等各部位进行观察，才能全面掌握幼穗分化的变化。

【思考与作业】

1. 同一植株主茎与分蘖的幼穗分化有何区别？
2. 将观察的植株形态及幼穗分化时期填入表2-3。
3. 绘制一幅在显微镜下观察到的幼穗分化图像，并注明名称。

表2-3 植株形态及幼穗分化时期记录表

株号	主茎叶龄	穗分化时期
1		
2		
3		
⋮		

实验 2-4 小麦各生育期田间诊断

【实验目的】
1. 掌握田间诊断方法。
2. 了解小麦各生育期的形态特征。

【内容与原理】
本实验的主要内容包括进行小麦生育期诊断；分析小麦苗情。

1. 生育期诊断标准

①出苗期。全田有 50% 以上幼苗第一叶露出地面 2 cm 时为出苗期。

②分蘖期。全田 50% 植株第一个分蘖伸出叶鞘 1.5~2.0 cm 时。

③越冬期。日平均气温降到 2℃ 左右，小麦植株基本停止生长。

④返青期。第二年春天，随着气温的回升，小麦开始生长，50% 植株年后新长出的叶片（多为冬春交接叶）伸出叶鞘 1~2 cm，且大田由暗绿变为青绿色时。

⑤起身期（生物学拔节）。麦苗由原来匍匐生长开始向上生长，年后第一叶伸长，叶鞘显著伸长，其第一伸长叶的叶耳与年前最后一片叶的叶耳距达 1.5 cm，基部第一节间微微伸长。

⑥拔节期（农艺拔节）。小麦的主茎第一节间离地面 1.5~2.0 cm，用手指捏小麦基部易碎发响。

⑦挑旗（孕穗）期。植株旗叶（最后一片叶）完全伸出（叶耳可见）。

⑧抽穗期。穗子顶端或一侧（不是指芒），由旗叶鞘伸出穗长度的一半时。

⑨开花期。全田有 50% 植株第一朵花开放，开花顺序中下→上部→下部。

⑩灌浆期。籽粒外形已基本完成，长度达最大值的 3/4，厚度增长甚微。

⑪成熟期。又分为蜡熟期和完熟期。

蜡熟期：籽粒大小、颜色接近正常，内部呈蜡状，籽粒含水率 22%，茎生叶基本变干，蜡熟末期籽粒干重达最大值，是适宜的收获期。

完熟期：籽粒已具品种正常大小和颜色，内部变硬，含水率降至 20% 以下，干物质积累停止。

2. 苗情监测

①出苗率。根据单位面积基本苗数，以实际播种粒数除之即得出苗率。

②叶龄。指主茎上生出的叶片数。

③叶色。分为浓绿、绿色、淡绿色和黄色等。

④株高。在抽穗前从地面量到顶一叶，抽穗后量到穗顶。

⑤冻害调查。小麦生长季遇低温受冻后，待冻害症状完全显示（低温后 3~5 d），根据全国小麦区域试验冻害 5 级指标进行冻害严重度调查。冻害 5 级指标：1 级，无冻害；2 级，叶尖受冻发黄不超过 1/3；3 级，叶尖受冻 1/3~1/2；4 级，叶片全枯；5 级，植株或大部分分蘖冻死。

⑥倒伏。调查并记录倒伏面积和倒伏程度。

倒伏面积：记载全田倒伏面积占总面积的百分比。

倒伏程度：1级，不倒伏；2级，倒伏角度30°；3级，倒伏角度30°~45°；4级，倒伏角度45°~60°；5级，倒伏角度大于60°。

【材料与工具】

1. 实验材料

不同生长时期的小麦植株。

2. 实验工具

铁锹、双目解剖镜、镊子、剪刀、解剖针等。

【方法与步骤】

1. 生育期诊断

①材料的准备。用小锹挖取处于不同生育时期的小麦植株，洗去根部泥土。

②小麦植株外观性状的观察。对照挂图或多媒体图片，用双目解剖镜观察材料。

2. 苗情调查

按照苗情监测内容进行出苗率、叶龄、叶色、株高、冻害、倒伏调查测定。

【注意事项】

1. 测定叶龄时，如最上一片心叶尚未全部长出，则用它露出叶鞘部分的长度占下面一叶的长度百分比来表示。例如，主茎上有5片叶，心叶长为第4叶的3/10，则叶龄为4.3。

2. 测定株高时，在抽穗后量到穗顶，不包括芒在内。

【思考与作业】

1. 进行小麦生育期田间诊断和苗期调查的意义是什么？
2. 绘制小麦不同生育期生长发育图，并注明各器官。
3. 填写田间诊断调查表(表2-4)。

表2-4 田间调查记录表

调查点			
品种			
基本苗			
叶龄			
叶色			
株高			

实验 2-5 玉米种子发芽特征观察

【实验目的】

1. 熟悉玉米种子的发芽条件，掌握发芽试验的操作技术。
2. 观察种子萌发时各结构的生长顺序及特点，掌握种子发芽率的计算方法。

【内容与原理】

本实验的主要内容包括观察玉米种子发芽特征；计算玉米种子发芽率。

种子发芽率是指发芽种子数占总种子数的百分比。通过观察种子发芽特征，计算发芽率。玉米种子萌发过程如图 2-4 所示，具体包含以下几个阶段。

1. 露白

种子在适宜的水分、温度条件下经过 4~5 d 胚根露出种皮，胚芽开始萌动。

2. 扎根

种子露白后，在水分和温度适宜的条件下经过 1~2 d 的时间胚根继续生长发育，长度达 1~2 cm，此时可见胚芽处明显膨胀。在水分和温度适宜的条件下，胚根继续生长发育逐渐向下深扎。此时胚芽也在发育，有突破种皮之势。

3. 见芽(胚芽)

在水分和温度适宜的条件下，胚根继续发育向下伸长，胚芽也在渐渐伸长。若此时干旱，胚根、胚芽生长速率放缓；若干旱严重，将出现水分倒流，呈干芽。另外，若此时出现低温，无论是胚根还是胚芽生长速率都会减缓，甚至停止生长。

①胚芽渐渐向上伸长，若温度偏低，胚芽呈现弯曲状。胚芽也开始突破种皮，可见胚芽顶端。

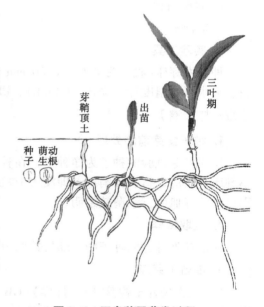

图 2-4 玉米种子萌发过程

②胚芽渐渐伸长，若温度和水分适宜，胚芽向上直立生长，根系慢慢长出 2~3 条次生根。

4. 芽长一寸

水分和温度适宜的条件下，胚根胚芽继续生长发育，胚根向下深扎，胚芽向上伸长。胚根数量增加到 4~5 根。露白到芽长一寸需 3~5 d。

5. 顶土

在水分和温度适宜的条件下，胚根和胚芽继续生长发育，根芽开始露出地面，顺垄可见绿尖。

①若此时遇低温，胚芽很难顶出地表，卷曲着在地表下生长。

②在水分和温度条件适宜的情况下，芽长一寸到顶土几乎在一个晚上就可以实现，此

时叶鞘紧紧包裹着第一片子叶，子叶可见绿尖。

③子叶逐渐生长发育，努力向上伸长形成筒状。一般情况，从顶土到子叶形成筒状半天时间即可完成。

6. 一叶一心

在水分和温度适宜的条件下，从子叶筒状到一叶一心只需 1 d 时间，甚至早晨筒状，下傍晚就达到一叶一心。只要水分和温度适宜，一叶一心生长发育很快，此时根系也逐渐形成，根条数增加，根的长度也在增加。

7. 二叶一心

从一叶一心经过 2~3 d，第三片叶片开始露出。此时叶片开始进行光合作用，但主要营养仍然来源于种子，生长发育的快慢仍然取决于水分和温度。

【材料与工具】

1. 实验材料

玉米种子。

2. 实验工具

种子发芽床（直径为 0.05~0.80 mm 的砂床）、发芽皿、数粒仪、消毒砂、恒温干燥箱、吸水纸、温度计、烧杯（200 mL）、镊子、标签纸、滴瓶等。

【方法与步骤】

1. 种子发芽前的处理

用作发芽试验的种子为净种子，在种子发芽试验之前应先去除杂质和其他植物种子。不健康种子应进行表面消毒，即浸入 1% 次氯酸钠（NaClO）溶液中处理 5~10 min，置于消毒过的培养皿内，杀菌效果明显。

2. 数取试样

从前期处理过的种子中，随机数取 100 粒。

3. 准备发芽床

按《农作物种子检验规程 扦样》（GB 3543.2—1995）规定，根据作物种类选择适宜的发芽床。其中大粒种子宜用砂床或纸床，中、小粒种子宜用纸床。作为纸床用的发芽纸、滤纸或吸水纸等，应具有一定的强度、质地好、吸水性强、保水性好、无毒无菌、清洁干净，不含可溶性色素或其他化学物质。砂床一般用无化学污染的细砂或清水砂为材料，使用前过筛（0.80 mm 和 0.05 mm 孔径的土壤筛），洗涤后放入搪瓷盘内，摊薄，在 120~140 ℃ 高温下烘 3 h 以上。

4. 种子置床

在装入发芽盒前应一次性调好水分，以避免重复间差异。水分控制在相对含水率的 60%~80%。将拌好的湿砂装入发芽盒中，湿砂厚度 2~4 cm，播上种子，再按种子大小盖 1~2 cm 厚的湿砂（厚度取决于种子大小）。

5. 贴写标签

种子置床后，应在发芽皿侧面贴上标签。注明品种名称、编号、置床日期、重复次数等，并登记在发芽试验记录簿上。

6. 种子培养

将玉米种子放入发芽箱，在温度为20℃、湿度为70%~80%条件下培养。

7. 检查管理

每天检查一次，发芽床应始终保持湿润。发芽试验过程中，若发现发芽床或种子上滋生霉菌，应立即去除并记录，严重时需更换发芽床。

8. 幼苗鉴定

（1）发芽持续时间

记录每种种子的初次发芽天数和末次发芽天数；如果只有几粒种子发芽，可延长试验时间7 d；反之，达到最高发芽率，可提前结束试验。发芽率是指发芽种子数占种子总数的百分比。计算方法：

$$种子发芽率 = 发芽种子数 \div 种子总数 \times 100\% \tag{2-1}$$

（2）幼苗鉴定与计数

初次计数：达到正常幼苗标准的要记录，腐烂的种子也应拿出来，并记录；未达到正常幼苗标准的继续试验。

末次计数：计发芽的种子、新鲜不发芽的种子、死种子。

9. 试验结果计算

试验结果用正常幼苗的百分率来表示。每100粒的种子，正常幼苗、不正常幼苗、新鲜不发芽种子、死种子所占百分率之和应为100%。

【注意事项】

1. 发芽床应始终保持湿润，落干时要用喷壶适量喷水，各重复间补水量要一致。
2. 注意发芽箱内通风换气。

【思考与作业】

1. 玉米种子发芽特征观察及发芽率的计算对玉米生产实践有何指导意义？
2. 记录玉米种子发芽形态特征及发芽率计算相关指标，填写表2-5和表2-6。
3. 评价所观察玉米种子的出苗情况，并提出发芽技术的改进意见。

表2-5　玉米种子发芽特征观察记录

样品编号：　　　　　　　　　　　　　　　　　　　　　　　　置床日期：

发芽特征观察	露白	扎根	见芽	芽长一寸	顶土	一叶一心	二叶一心

表2-6　玉米种子发芽率记录

样品编号：　　　　　　　　　　　　　　　　　　　　　　　　置床日期：

发芽率	正常幼苗(%)	不正常幼苗(%)	新鲜不发芽种子(%)	死种子(%)

实验 2-6　玉米穗分化过程观察

【实验目的】

1. 掌握玉米雌雄穗分化各时期的形态特征。
2. 了解玉米穗分化各时期与植株外部形态、生育时期的对应关系。

【内容与原理】

玉米穗分化进程与丰产栽培关系密切。玉米幼穗开始分化，一般在拔节前分化雄穗，拔节后分化雌穗。雄穗是由于茎顶端营养生长质变为雄性生长锥后经过穗分化过程而发育形成的，雌穗是由茎中部若干侧芽的芽端营养生长锥质变为雌性生长锥后经过雌穗分化过程而发育形成的。根据雄穗和雌穗分化过程中的形态发育特点，一般将玉米穗分化过程分为生长锥未伸长期、生长锥伸长期、小穗分化期、小花分化期和性器官形成期 5 个时期。各时期的形态特征如图 2-5 和图 2-6 所示，具体描述见表 2-7。雄、雌穗分化时期及分化期的长短是不同的，并因品种和栽培条件而变化。

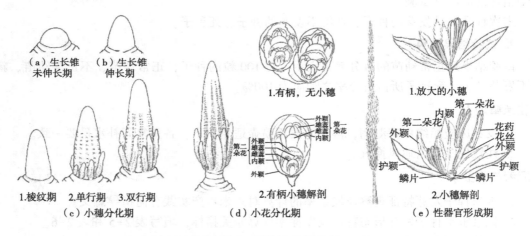

图 2-5　玉米雄穗分化过程

玉米穗分化时期与叶龄指数及植株外部形态也有一定的对应关系（表 2-8、图 2-7）。除了通过解剖观察，生产上还可采用叶龄指数及植株外部形态观察的方法判断穗分化所处时期，继而采取相应农业技术措施。例如，当玉米进入雄穗生长锥伸长期时，其叶龄指数均接近 29.1%±1.9%，正值拔节期；当进入雄穗四分体期和雌穗小花开始分化期时，叶龄指数均接近 61.9%±1.7%，正值玉米大喇叭口期。在进行玉米穗分化观察时，雄穗是以主茎雄性生长锥为标准，雌穗是以主茎最上一个侧芽的雌性生长锥为标准。雌雄穗分化时期的相关性是很密切的。雌穗的伸长期与雄穗的小穗分化期相对应，并与拔节期相吻合；雌穗的小花分化期与雄穗的性器官形成期相对应，并与喇叭口期相吻合。

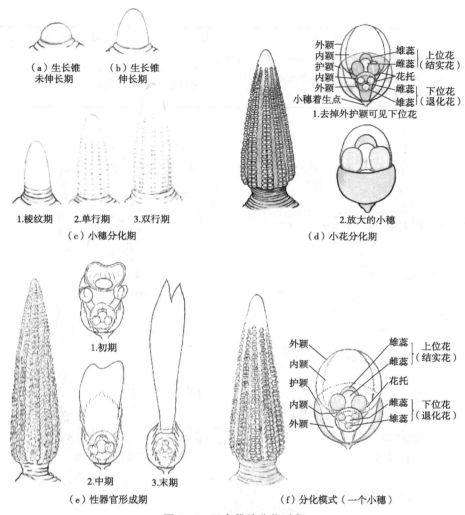

图 2-6 玉米雌穗分化过程

表 2-7 玉米雄穗和雌穗分化各时期的形态特征

穗分化时期	雄穗	雌穗
生长锥未伸长期	生长锥为光滑透明的圆锥体，宽度大于长度。基部有叶原始体，此期分化茎的节、节间和叶原始体	生长锥为光滑透明的圆锥体，宽度大于长度，此期分化苞叶原始体和果穗柄
生长锥伸长期	生长锥微微伸长，长大于宽，基部出现叶突起	生长锥伸长，长大于宽；基部出现分节和叶突起，叶腋处将来产生小穗原基，叶突起退化消失
小穗分化期	生长锥基部出现分枝突起，中部出现小穗原基，每个小穗原基又迅速分裂为成对的2个小穗突起，小穗基部可看到颖片突起	生长锥基部出现小穗原基，每个小穗原基又迅速分裂为2个小穗突起。小穗基部可看到颖片突起
小花分化期	第一小穗分化出2个大小不等的小花原基，小花原基部出现3个雄蕊原始体，中央形成1个雌蕊原始体，同时也形成外稃、内稃和2个浆片，以后雌蕊原始体退化消失	第一小穗分化出2个大小不等的小花原基。基部出现3个雄蕊原基和1个雌蕊原基，雄蕊原基以后退化消失，下位花也退化

穗分化时期	雄 穗	雌 穗
性器官形成期	雄蕊原始体迅速生长。雄穗主轴中上部小穗颖片长度达 0.8 cm 左右，花粉母细胞进入四分体期，雌蕊原始体退化	雌蕊的花丝逐渐伸长，顶端出现分裂，花丝上出现绒毛，子房体积增大

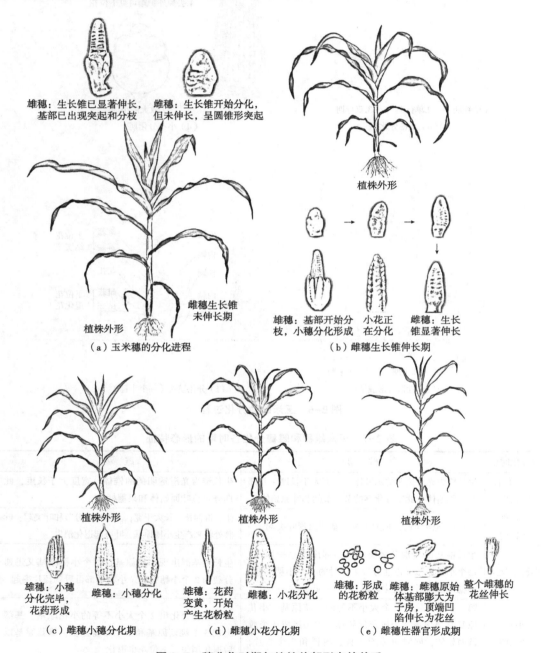

图 2-7 穗分化时期与植株外部形态的关系

本实验的主要内容包括观察玉米雌雄穗分化各时期的形态特征；观察玉米雌雄穗分化各时期与植株外部形态、生育时期的对应关系。

【材料与工具】

1. 实验材料

玉米穗分化各时期的植株材料。

2. 实验工具

玉米雌、雄穗花序和小穗小花的构造挂图、显微镜、解剖镜、搪瓷盆、镊子、解剖针、盖玻片、培养皿、吸水纸、单面刀片等。

3. 实验药剂

50%乙醇 100 mL、甲醛 6.5 mL、乙酸 2.5 mL、醋酸洋红。

【方法与步骤】

1. 叶片材料选取及计算

取观察材料，测定可见叶数、展开叶数、伸长节数及其部位。叶龄指数计算公式为：

$$叶龄指数 = 主茎叶龄(展开叶数) \div 主茎总叶片数 \times 100\% \qquad (2-2)$$

2. 玉米雄穗选取及观察

取玉米雄穗，仔细剥去叶片和叶鞘直至露出雄穗生长锥，镜检鉴定穗分化的各个时期或观察切片。例如，观察玉米雄穗四分体，取处于大喇叭口期的植株，从剥取的雄穗分枝小穗中，用镊子或解剖针挑破小花，取长度约 3 mm 的淡黄色花药，置于载玻片上，滴少许水，用镊子将其捣碎，使内容物在水中散开，再滴一滴醋酸洋红，在低倍显微镜下观察。多观察一些花药，可找到四分体。

3. 玉米雌穗观察

观察茎上最上部的 1 个或 2 个腋芽（雌穗），镜检鉴定雌穗分化时期或观察切片（表 2-8）。

【注意事项】

1. 由于个体间差异，以群体中 50%上的植株达到穗分化期为标准。
2. 对一个观察穗来说，以穗的中下部开始进入某分化时期为准，当雄穗进入四分体期以后，又以主轴中上部进入某个分化时期为准。

【思考与作业】

1. 在穗分化过程中，哪个阶段是粒重增加的关键？
2. 记录所观察玉米植株的形态特征和穗分化所处时期，填写表 2-9。
3. 根据穗分化过程，如何确定玉米水肥管理的关键时期？

表 2-8　玉米穗分化时期与叶龄指数的关系及对应的植株外部形态特征

穗分化时期				叶龄指数			植株外部形态特征
雄穗		雌穗		平均值（%）	标准差（%）	变异系数（%）	
穗分化时期	穗分化的子时期	穗分化时期	穗分化的子时期				
生长锥伸长期	伸长期			29.1	1.9	6.4	开始拔节，节间总长2~3 cm
小穗分化期	小穗原基分化			36.7	2.1	5.8	茎节伸长
	小穗分化			41.8	1.1	2.6	
小花分化期	小花分化始期	生长锥伸长期	伸长期	46.4	1.4	3.0	展开叶7~10片
	雄长雌退期	小穗分化期	小穗分化	53.3	2.4	4.5	
性器官形成期	四分体形成	小花分化期	小花分化始期	61.9	1.7	2.8	植株叶心丛生，上平中空，正值大喇叭口期
	花粉粒形成		雌雄蕊分化或雌长雄退	67.1	0.1	0.2	
	花粉粒成熟	性器官形成期	花丝开始伸长	76.8	5.2	6.8	正值孕穗期
抽雄期	抽雄		果穗增长	87.7	3.6	4.1	雄穗抽出
开花期	开花	吐丝期	吐丝	100	0	0	吐丝

表 2-9　玉米穗分化观察记录

品种特征			植株生长及形态特征					穗分化时期	
名称	熟型	总叶数	播种期	株高(cm)	可见叶数	展开叶数	叶龄指数	外部形态	雌穗	雄穗

实验 2-7　玉米各生育时期田间诊断

【实验目的】

1. 掌握玉米各生育时期的形态特征。
2. 掌握田间诊断方法。

【内容与原理】

在玉米整个生长发育过程中，由于自身量变和质变的结果及环境变化的影响，无论外部形态特征还是内部生理特性，均发生不同的阶段性变化，呈现这些阶段性变化的时期称为生育时期如出苗期、拔节期、抽雄期、开花期、吐丝期、成熟期等。玉米的生长发育过程共分为 12 个生育时期。

1. 各生育时期诊断标准

播种期：即播种的日期。

出苗期（VE）：幼苗出土高度 2 cm 左右的日期。

三叶期（V3）：植株第三叶露出叶心 2~3 cm 的日期。

拔节期（V6）：植株基部开始伸长，节间长度达 1 cm 的日期，此时，第六叶完全展开，叶龄指数 30 左右，茎解剖可观察到雄穗生长锥开始伸长。

小喇叭口期（V9）：雌穗生长锥开始伸长，雄穗小花开始分化，是争取大穗的时期，也是施攻穗肥的始期，叶龄指数 46 左右。

大喇叭口期（V12）：周边平展，中空凹陷，棒三叶甩开呈喇叭口状。第十二片叶完全展开，叶龄指数为 60 左右，解剖可观察到雌穗进入小花分化期，雄穗进入四分体期，是施攻穗肥的关键时期。

抽雄期（VT）：植株雄穗尖露出顶叶 3~5 cm 的日期。

吐丝期（R1）：雌穗的花丝从苞叶中伸出 2 cm 左右。

籽粒建成期（R2）：植株果穗中部籽粒体积基本建成，胚乳呈清浆状。

乳熟期（R3）：植株果穗中部籽粒干重迅速增加并基本形成，胚乳呈乳状后至糊状。

蜡熟期（R5）：植株果穗中部籽粒干重接近最大值，胚乳呈蜡状，用指甲可以划破。

完熟期（R6）：植株籽粒干硬，籽粒基部出现黑色层，乳线消失，并呈现出品种固有的颜色和光泽。

生产上，通常以全田 50% 以上植株达到上述标准的日期作为各生育时期的诊断和记录标准。

2. 玉米穗期的田间诊断

玉米从拔节至抽雄这段时间称为穗期阶段。夏播玉米 28 d 左右，春播玉米 30~35 d。其生育特点是茎节伸长，叶片增大，营养生长旺盛，雌雄穗开始分化，性器官形成，是营养生长与生殖生长并进的阶段，也是田间管理最关键的时期。田间诊断可选择大喇叭口期进行，为合理运用肥水提供理论依据。

本实验的主要内容包括观察和记录玉米各生育时期的形态特征；进行玉米穗期的田间诊断。

【材料与工具】

1. 实验材料

不同生育时期的玉米植株。

2. 实验工具

铁锹、解剖镜、镊子、剪刀、解剖针、显微镜、放大镜、皮尺、钢卷尺等。

【方法与步骤】

1. 生育时期诊断

①按选定地块，由教师带领进行现场观察，全面了解植株长势。

②选取有代表性的植株，用于室内调查和解剖观察。对照挂图或多媒体图片，明确其

所处生育时期，并将调查结果记录于表 2-10 中。

2. 玉米穗期的田间诊断

按照穗期田间及室内调查内容进行株高、茎高、节根层数、节根条数、可见叶数、展开叶数、总叶片数、叶龄指数、穗分化进程的调查和测定。

【注意事项】

1. 本实验持续时间较长，应充分利用课余时间进行。
2. 判定大田玉米所处生育时期时，应以某一特征在大田群体中达 50% 以上作为判定标准。

【思考与作业】

1. 开展玉米穗期诊断有哪些意义？
2. 玉米生理成熟有哪些重要的生理标志？
3. 根据调查内容完成表 2-10 和表 2-11 的填写。

表 2-10　玉米生育时期观察记载表

生育时期	播种期	出苗期(VE)	三叶期(V3)	拔节期(V6)	大喇叭口期(V12)	抽雄期(VT)	吐丝期(R1)	籽粒建成期(R2)	乳熟期(R3)	蜡熟期(R5)	完熟期(R6)
日期											

表 2-11　玉米穗期田间诊断调查

	指标	指标值	指标	指标值
室内调查	株高		总叶片数	
	茎粗		叶龄指数	
	茎高		单株叶面积	
	节根层数		叶面积系数	
	节根条数		雄穗分化时期	
	可见叶数		雌穗分化时期	
	展开叶数		生育时期判别	
情况分析及下一步管理意见				

实验 2-8　水稻种子发芽特征观察

【实验目的】

1. 观察不同温度和水分(氧气)条件下稻种的发芽情况。
2. 了解水稻种子的发芽特性及其与外界环境条件的关系。

【内容与原理】

水稻种子的发芽是种子内因和环境相互作用的结果。在不同外界条件的作用下，水稻种子的发芽呈现不同效果。影响种子发芽的因素主要包括种子本身的发芽能力、浸种时间、催芽温度、水分和氧气。

具有发芽能力的水稻种子在一定水分、温度和氧气条件下，即能萌发生长。种子吸水后，在 30~35℃ 条件下发芽较快，但根芽生长受氧气供应的影响较大。氧气充足时，先长根，而水分充足氧气缺乏时，则芽鞘先伸长。因此，掌握适宜的温度，水分(氧气)条件进行催芽，才能达到芽齐、芽壮，为培育壮秧打好基础。

水稻种子萌发过程分为 3 个阶段(图 2-8)：①吸胀阶段，水稻种子胚乳中的淀粉、蛋白质等物质吸水膨胀，各种酶活跃，呼吸作用加强，贮藏物质开始转化并运输；②萌动阶段，种子含水量增加，代谢旺盛，胚乳分解为简单的可溶物质，胚吸收后形成新的复杂有机物，构成新细胞，细胞数目增多，体积增大，待胚体积继续增大到一定程度后，突破种皮外露，称为"露白"；③发芽阶段，胚继续生长，当胚根伸长到与种子等长，胚芽伸长到种子长度一半，即为发芽，此阶段应保持土壤湿润、通气，促进扎根，培育壮芽。

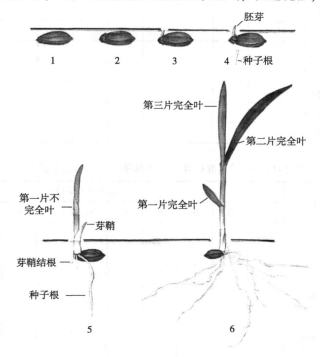

图 2-8 水稻种子萌发过程

本实验为了解水稻种子的发芽特性及其与外界环境条件的关系，观察不同温度和水分(氧气)条件下，稻种的发芽情况，探究不同发芽特性与外界环境条件的关系。

【材料与工具】

1. 实验材料

籼/粳稻种子数粒。

2. 实验工具

恒温箱、培养皿、烧杯、镊子、放大镜。

【方法与步骤】

1. 不同温度下稻种发芽情况

将经过选种的种子事先浸种 2~3 d 使其充分吸水。取籼、粳稻种子各两份，每份 50 粒，放入 4 个垫有 3 层吸水纸的培养皿中，分别置于 15℃和 30℃的恒温箱中，以后每天观察记载一次发芽粒数，计算发芽率，填入表 2-12。发芽时间为 5~7 d，发芽结束时，对不同温度处理的水稻种子分别测量 10 粒发芽种子的根、芽长度，求其平均值，将数据填入表 2-13。

表 2-12 不同时长及温度下水稻发芽情况

品种	条件	发芽情况	处理后天数(d)										
			1	2	3	4	5	6	7	8	9	10	平均
籼稻	15℃	发芽数(粒)											
		发芽率(%)											
	30℃	发芽数(粒)											
		发芽率(%)											
粳稻	15℃	发芽数(粒)											
		发芽率(%)											
	30℃	发芽数(粒)											
		发芽率(%)											

表 2-13 不同温度条件对水稻种子根、芽生长的影响

品种	温度条件	器官	处理种子编号										
			1	2	3	4	5	6	7	8	9	10	平均
籼稻	15℃	芽(cm)											
		根(cm)											
	30℃	芽(cm)											
		根(cm)											
粳稻	15℃	芽(cm)											
		根(cm)											
	30℃	芽(cm)											
		根(cm)											

2. 不同水分下稻种发芽情况

将籼/粳稻种子事先培育到露白后(高温催芽是在 30~32℃下，经 1~2 d 内露白，后温度降至 25~28℃)，取上述种子各 50 粒，分别置于烧杯内，灌水 8~10 cm；另取籼/粳稻露白种子 50 粒，放入垫有吸水纸的培养皿中，加水保持湿润，然后将上述处理种子一同

置于30℃或35℃的恒温箱中发芽，2 d 后观察根、芽生长情况，4 d 后，各处理稻种分别取 10 粒，分别测量根、芽长度，计算平均值，填入表2-14。

表2-14 不同水分、氧气条件对水稻种子根、芽生长的影响

稻种	处理	器官	处理种子编号										平均
			1	2	3	4	5	6	7	8	9	10	
籼稻	浸水	芽(cm)											
		根(cm)											
	湿润	芽(cm)											
		根(cm)											
粳稻	浸水	芽(cm)											
		根(cm)											
	湿润	芽(cm)											
		根(cm)											

【注意事项】

水稻浸种的时间取决于浸种时的温度，一般20℃以下浸种需要48~72 h，20~25℃时需要浸种30~48 h，25℃以上时浸种需要24~30 h。需要注意，当浸种温度达25℃时，随着浸种时间的延长，稻种发芽率也会逐渐降低。

【思考与作业】

1. 哪些条件有利于稻种发芽？
2. 温度、氧气、水分如何影响稻种发芽？
3. 分析不同温度条件下的发芽速率和根、芽比例，比较籼/粳稻的差异（记录于表2-12至表2-14），并说明其原因。

实验2-9 水稻穗分化过程观察

【实验目的】

1. 了解水稻幼穗分化不同阶段的形态特征。
2. 掌握水稻幼穗剥取操作技术。
3. 掌握水用压(涂)片法镜检水稻花粉发育过程。
4. 掌握水稻幼穗发育后期各阶段的判定方法。

【内容与原理】

水稻穗分化是按一定顺序形成穗的各个部分（表2-15）。水稻幼穗分化过程可分为8个时期，其中前4个时期为稻穗形成期，也称为性器官形成期；后4个时期为性细胞形成期。

表 2-15 水稻穗分化时期特点

时期	发育时期	幼穗形态	判断方法	天数(d)
第一期	第一苞原基分化期	看不见	看不见	2
第二期	第一次枝梗原基分化期	苞毛可见	毛出现	4~5
第三期	第二次枝梗及颖花原基分化期	幼穗 0.5~1.0 mm	毛丛丛	5~10
第四期	雌雄蕊原基分化期	幼穗 5~10 mm	粒粒现	3~4
第五期	花粉母细胞形成期	幼穗 15~40 mm	颖壳分	2~3
第六期	花粉母细胞减数分裂期	颖花 1/2 长	叶枕平	2
第七期	花粉粒内容充实期	颖花 5/6 长	颖壳绿	8~12
第八期	花粉完熟期	颖花全长	穗将出	

1. 幼穗形成期各阶段形态特征

（1）第一苞原基分化期

稻穗开始分化，先从稻茎顶端生长点分化出第一苞原基。第一苞原基的出现，标志着原始的穗颈节已分化形成，其上就是穗轴。因此这一时期又称穗轴分化期。是生殖生长的起点。

（2）第一次枝梗原基分化期

第一苞原基增大后，在生长锥上分化第二苞原基、第三苞原基等，不久在苞的腋部便有新的生长点突起形成，即第一次枝梗原基（图 2-9）。此后分化进一步发展，突起达到生长锥的顶端，第一次枝梗的分化即结束。此时在苞的着生处开始长出白色的苞毛。

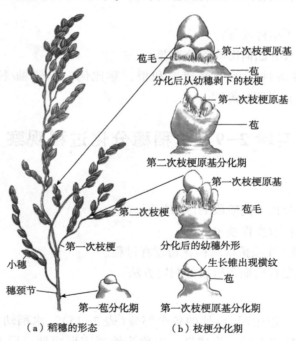

图 2-9 水稻穗分化

(3) 第二次枝梗原基及小穗原基分化期

当生长锥最顶端的生长点停止发育时，穗顶最晚出现的第一次枝梗原基下部又出现苞，并由下而上逐渐在苞的腋部很快分化出第二次枝梗原基，接着下一个第一次枝梗原基也逐渐由下而上在苞的腋部出现第二次枝梗原基，依次而下。当第二次枝梗原基已经分化到各个第一次枝梗原基的上部时，幼穗全部被苞毛包覆起来。这时幼穗的长度为 0.5~1.0 mm。随后上部第一次枝梗顶端出现颖片原基（图 2-10），小穗从这时开始陆续分化，在第二次枝梗上也分化出小穗原基，这时幼穗长度为 1.0~1.5 mm。

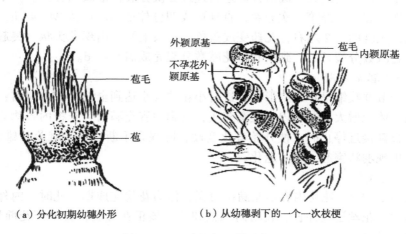

(a) 分化初期幼穗外形　　　(b) 从幼穗剥下的一个一次枝梗

图 2-10　二次枝梗原基分化

(4) 雌雄蕊形成期

首先在最上部的第一次枝梗上，顶端小穗的结实小花出现雌雄蕊原基（图 2-11）。后由上而下各第一次枝梗上直接着生的小穗结实小花都出现雌雄蕊原基。穗最下部的第二次枝梗的小穗原基也陆续分化完毕，一穗的最高小穗数就此决定，此时穗长约 5 mm。接着穗轴、枝轴和小穗梗都开始显著伸长，雌雄蕊进一步发育，雄蕊原基分化为花药和花丝，此时还看不到花粉母细胞；雌蕊上分化出胚珠原基；小花的内外稃已经相当发达，可将内部器官完全包住。这时幼穗长 5~10 mm，幼穗的外部形态已初步形成。

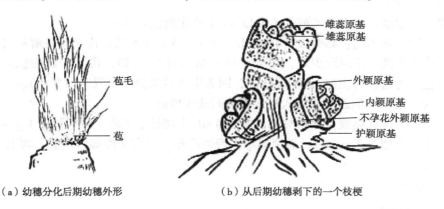

(a) 幼穗分化后期幼穗外形　　　(b) 从后期幼穗剥下的一个枝梗

图 2-11　雌雄蕊形成期

2. 孕穗期各阶段形态特征

(1) 花粉母细胞形成期

随着小花和花药长度增加，当小花长度达 2 mm 左右时，花药明显分为 4 室，出现花粉囊间隙，花粉母细胞形成。初期花粉母细胞不规则，后期呈圆形。雌蕊原基上出现柱头突起。这一时期持续 4~5 d，幼穗长 1.5~4.0 cm。

(2) 花粉母细胞减数分裂期

花粉母细胞形成后增大呈圆形，即进行连续 2 次分裂，形成四分体。一个花粉母细胞自开始第一次分裂，再经第二次分裂，直到形成四分体所需时间为 24~48 h。此时期小花长约为其最终长度的 1/2 左右，花药变成黄色，柱头上开始出现乳头状小突起。整个稻穗自第一朵小花减数分裂开始，到所有小花减数分裂完成需 5~7 d。

(3) 花粉内容充实期

四分体分散并收缩呈不规则形状，这时小花的大小达到全长的 85% 左右；随后花粉外壳逐渐形成，体积增大，花粉内容逐渐充实，直到内容充满前为花粉内容物充实期。当内外稃长宽增长都接近停止时，便开始硅化变硬，叶绿素不断积累，雌蕊和雄蕊迅速增长，柱头上依次出现羽状突起，颖片退化。

(4) 花粉完成期

在抽穗前 1~2 d，花粉内容物充满花粉壳，称为花粉完成期。此时，内外稃将全面出现大量叶绿素，花丝迅速伸长，花粉内雄核和营养核正在分裂，直至开花前雄核才形成，至此花粉发育已完成。

【材料与工具】

1. 实验材料

不同稻穗分化时期的植株。

2. 实验工具

双目解剖镜或低倍显微镜、镊子、剪刀、解剖针、盖玻片、载玻片、直尺、吸水纸、天平、电炉、酒精灯、烧杯、漏斗、滤纸、培养皿、量筒、广口瓶。

3. 实验药剂

卡诺氏固定液：将无水乙醇和乙酸以 3∶1 的比例混匀即可。

乙酸—铁—苏木精：45% 乙酸 100 mL，加入 0.5 g 苏木精。待充分溶解后过滤，过滤后的溶液作为原液。用时取少许，用 45% 的乙酸稀释 3~4 倍，再滴入乙酸铁溶液，待染液由棕黄色变为蓝色为止(建议随配随用，因为染色效果会随放置时间变差)。

乙酸铁：在 45% 的乙酸中加入过量硫酸高铁铵即成。

乙酸—铁—洋红染液：取 45% 的乙酸 100 mL 于烧杯中煮沸，缓缓加入 1 g 洋红，边加边搅拌，用小火加热 2 min 后，撤掉热源，慢慢冷却，至完全冷却后过滤，再滴加 1~2 滴乙酸铁溶液。

【方法与步骤】

1. 幼穗形成期

采取生体解剖法，借助双目放大镜解剖检查。

①取穗。从稻株中选取大小不同的植株,包括分蘖和主茎。

②整理。剪除根系,留下部分短根便于手握操作。将基部洗干净,去掉上部叶片。

③剥除叶鞘。徒手剥去外部叶鞘,留下 1~2 层内部幼嫩叶片,以免完全剥离时损伤幼穗生长点或将生长点剥掉。

④镜检。将上述处理过的穗置于解剖镜下,一手压住稻茎基部,另一手用解剖针轻轻剥离内层嫩叶,直到见到生长点或穗尖,仔细观察并记录。注意不要动作过大,以免弄断或损伤幼穗生长点。

2. 孕穗期

(1) 样品采集

①6:30~7:00 或 16:30~17:00 为减数分裂高峰期,16:30~17:00 为有丝分裂活跃期。可依据上述特征确定采样时间。

②花粉母细胞形成期,剑叶与下一叶叶枕距约为-10 cm(负号表示剑叶在下一枕叶的下方,下同),幼穗长 1.5~5.0 cm,小花长 1~3 mm。据此形态特征采集花粉母细胞形成期的样品。

③花粉母细胞减数分裂期的稻株,叶枕距为-5~0 cm。叶枕距约为 0 是减数分裂过渡到单核花粉期;穗顶接近剑叶下一叶叶枕时,是单核期到双核期;破口前是双核期到三核期。

(2) 固定样品

将采集的幼穗放入盛有卡诺氏固定液的广口瓶中固定 1~2 h。若不能及时观察,则需将样品转入高浓度乙醇溶液中,再按 95%→90%→80%→70% 的乙醇浓度逐级下降,每 0.5 h 转移样品至下一浓度以洗去乙酸,防止样品受腐蚀,最后转入 70% 乙醇溶液中保存。

(3) 染色压片

①用镊子从经过固定的材料上摘取一朵小花,置于载玻片上,用解剖针挑出花药 1~2 枚,弃去稃壳,立即滴上一滴染液(试剂中的两种染液均可,后期花粉用乙酸—铁—苏木精染液较好)。

②若所取花药很小(要观察早期花粉),则用解剖刀将其切成数段,并用解剖针将其捣碎,盖上盖玻片,盖玻片上加盖吸水纸,然后用大拇指压片。若所取花药较大,则用解剖刀从花药粗的一端切开,然后用解剖针从细的一端往粗的一端碾压,将花粉碾挤出来,再用镊子夹去花药壳,盖上盖玻片和吸水纸,轻轻压片。

③压片后,将玻片拿到酒精灯上通过 4~5 次,微微烤热(勿使染液沸腾或干涸),然后镜检。若发现着色不深或着色不清晰,可从盖玻片边缘滴加少量染液,再拿到酒精灯上微烤。

(4) 片子的保存

如需临时保存,可用石蜡封片或用加有 10% 甘油的染液压片。长期保存则要制成永久片。

【注意事项】

1. 应将幼叶叶鞘剥除干净,使茎端完全露出来,见到幼穗或生长锥。

2. 解剖时,解剖针的拨动方向应与叶卷的方向相反,这样容易找到叶鞘的边缘,从此边缘插针进去剥除叶子,较易保护生长锥不受损伤。

3. 要注意保护生长锥基部的茎节，使生长锥与茎秆相连，以便于双目镜下的解剖操作及观察生长锥的发育情况。

4. 在大田取样时，要根据长势均匀度，注意代表性和多点取样。一般每穴只取主茎一株（苗），每次 15 个以上主茎株（苗），记录每株稻穗的发育进度（1~8 期表示）。一般主茎间，粗壮茎秆的稻穗发育进度较快；主茎与分蘖间，主茎的发育进度较快；分蘖间，粗壮稻穗的发育进度较快。可根据生长状况对群体发育进度进行适当调整。

【思考与作业】

1. 根据水稻幼穗分化特点及实验观察结果，试思考采取何种措施以获得水稻高产。
2. 思考在水稻幼穗分化过程中，其内部形态特征与植株外部形态特征有何对应关系。
3. 绘制所观察到的水稻幼穗形成各个时期的特征图。
4. 绘制所观察到的花粉发育各时期的特征图。

实验 2-10　水稻各生育时期田间诊断

【实验目的】

1. 初步掌握水稻栽培看苗诊断技术。
2. 学会在不同情况下判断苗情，及时采取相应的栽培技术，调控水稻的叶色和长势长相，使之群体处于最佳状态。
3. 掌握水稻营养诊断技术。

【内容与原理】

本实验的主要内容是开展不同处理水平水稻秧苗的田间诊断。

"秧好半年稻"。秧好有两个含义：一是指秧苗素质好。即秧苗基部粗扁，分蘖多，叶身挺直不披，无病虫害，白根多而粗，同时秧苗干物质量大，淀粉、糖类、蛋白质含量高，且碳、氧含量高，碳氮比适中，发根力强，插秧后回青快，分蘖早；二是指成秧率高，生长整齐脚秧少，一般湿润秧田成秧率在 60%~70%，管理好可达 80% 以上，薄膜育秧成秧率更高。

水稻的叶色、长势、长相在其不同的生育阶段均有变化。叶色是指水稻在正常情况下的黄、黑交替的阶段性变化；长势是指水稻植株生长快慢，主要是指分蘖发生的迟早、分蘖数的多少，以及出叶速度的快慢和各叶长度的变化；长相则是指稻苗生长的姿态，包括株形和群体结构。这 3 个诊断指标各有其独立的内容，但又互相联系的。因此，田间诊断要全面地综合考虑。

1. 幼苗期的长势、长相

①健壮苗。插秧前苗高适中，苗基宽扁，秧苗叶片挺直有劲，不软弱披垂，具有弹性；叶鞘短粗，叶枕距较小；秧苗叶色绿，带有分蘖；白根多；秧苗单位长度干物质量大。

②徒长苗。苗细高，叶片过长，有露水时或下雨后出现披叶，苗基细圆，没有弹性，叶枕距大，叶色过浓，根系发育差。

③瘦弱苗。苗短瘦，叶色黄，茎硬细，生长慢，根系差。

2. 分蘖期的长势长相

①健壮苗。返青后，叶色由淡转浓，长势蓬勃，出叶和分蘖迅速，稻苗健壮。早晨有露水时看苗弯而不披垂，中午看苗挺拔有劲。分蘖末期群体量适中，全田封行不封顶（封行是顺行向可在 1.5~2.0 m 见水面）。晒田后，叶色转淡落黄。

②徒长苗。叶色呈墨绿色；出叶，分蘖末期呈"一路青"，封行过早，封行又封顶。

③瘦弱苗。叶色黄绿，叶片和株形直立，呈"一炷香"，出叶慢，分蘖少，分蘖末期群体量过小，叶色显黄，植株矮瘦，不封行。

3. 幼穗分化期的长势长相

①健壮苗。晒田复水后，叶色由黄转绿，到孕穗前保持青绿色，直至抽穗。稻株生长稳健，基部显著增粗，叶片挺立清秀，剑叶长宽适中，全田封行不封顶。对此种长相总结为：风吹禾叶响，叶尖刺手掌，下田不缠脚，禾秆铁骨样。

②徒长苗。无效分蘖多，叶色乌绿，稻脚不清，下田缠脚，最上 2 片叶过长，贪青迟熟，秕谷多，青米多。

③瘦弱苗。叶色枯黄，剑叶尖早枯，显出早衰现象，粒重降低，封行晚。

4. 结实期的长势长相

①健壮苗。青枝蜡秆，叶青粒黄，黄熟时早稻一般有绿叶 1~2 片，连作晚粳剑叶坚挺，有 2 片以上的绿叶，穗封行，植株弯曲而不倒。

②徒长苗。叶色乌绿发黑，贪青迟熟，秕谷多，青米多。

③瘦弱苗。叶色枯黄，剑叶尖，早枯，显出早衰现象，粒重降低。

5. 营养诊断技术（淀粉测定法）

水稻生长发育过程中，体内有大量的淀粉积存。淀粉积存越多，氮含量相对越少，即淀粉与氮含量呈负相关。淀粉主要积存于叶鞘内，因此，检查叶鞘内的淀粉含量，可以大体断定体内氮素水平。淀粉遇碘即是蓝紫色反应，其色浓淡程度与淀粉含量成正比。因此，碘-淀粉反应可以大体反应水稻植株体内氮素营养状况，因而可以用作诊断新秧苗素质。其原理是根据秧苗叶鞘在碘液中染色状况，量出叶鞘染色长度 B 与全叶鞘长 A，求出 B/A 值，该值大小与植株氮素营养状况呈负相关，即 B/A 值越小，植株含氮量越多，B/A 值越大，则植株含氮量愈少。

【材料与工具】

1. 实验材料

不同长势的水稻秧苗及各生育时期的水稻植株或 3 种类型的水稻植株（徒长苗、健壮苗、瘦弱苗）。

2. 实验工具

剪刀、镊子、刀片、培养皿、直尺、碘化钾、碘。

【方法与步骤】

1. 水稻各生育期长势诊断

选择学校实验农场或附近农家同品种不同生长类型的典型田块，根据水稻不同生长阶段进行田间看苗诊断和比较观察,并做好记录,判断苗情。

2. 碘-淀粉反应测定秧苗 B/A 值

(1) 配制 0.1%碘液

称取 8 g 碘化钾溶于 50 mL 蒸馏水中,再加入 1 g 碘溶于其中,定容至 100 mL,置于棕色瓶中保存,此溶液浓度为 1%,使用时视情况稀释。

(2) 取样

每组同学分别取各处理(若是秧苗:取壮苗、弱苗和不同育秧方式的秧苗;若是大田则取健壮苗、徒长苗和瘦弱苗 3 个水平的)具有代表性的植株 10 株,采样时间在晴天 9∶00 以后 16∶00 以前均可(清晨、阴雨天时淀粉与氮素关系不明显),采用上部刚完全展开叶的叶鞘或第二叶的叶鞘(因其淀粉率最高)作为实验材料。

(3) 整理、浸药

用剪子将待测叶鞘剪下,沿叶枕处剪去叶片,取叶鞘 10 片用水冲洗干净、擦干。苗期的叶鞘小,可从鞘背纵分为两半,若叶鞘大,则应沿脊的背部纵切成细条,取其 1/2 浸入 0.1%的碘溶液中染色 15 min。大田植株大,叶鞘长,每张叶鞘按自身长分 6 等段,共 60 段置于培养皿中。加入适量的 0.1%碘液,用玻璃棒使样段全部浸没静置 1~2 h。

(4) 测量

染色以后的样段,取出用水冲洗浮色,量其全鞘长 A 与杂色(蓝紫色)部分之长 B,求 A/B(量时注意观察染色情况,颜色扩散部分不算在染色长度内),若是用 6 等段染色的,取出观察颜色:凡整段叶鞘或叶鞘两端或其他长度 1/2 以上,染成灰蓝色或紫蓝色的叶鞘样段均为有淀粉反应,统计数为 B;其染色不足 1/2 或完全不染色的作为无淀粉反应的叶鞘,统计数为 A,统计后按氮=A/B 公式计算,判断其氮素含量情况。

【注意事项】

1. 叶色是最容易反映水稻生长、代谢和营养状况的指标。
2. 长势诊断主要看稻株的分蘖数量和生长速率。
3. 长相诊断观察水稻形象、株形高度、叶片角度、紧凑与否等。

【思考与作业】

1. 在营养诊断中,除碘-淀粉测定法外,还可采用哪些方法?各有何优缺点?
2. 观察实验材料,区分不同生育时期水稻的形态特征,并将观察结果填入表 2-16 中。

表 2-16 水稻长势诊断表

植株	生育时期	形态特征				长势分类及类别			管理建议
		根	叶	茎	穗	壮	旺	弱	
1									
2									
3									
⋮									

3. 根据各个阶段的看苗诊断结果，查阅资料，写出报告综合分析健壮苗、徒长苗和瘦弱苗的形成原因，并提出相应的管理措施。

4. 比较不同品种或不同育秧方式壮秧、弱秧的 A/B 值。了解壮秧、弱秧的氮素营养状况，将结果填入表 2-17 中。

表 2-17　秧苗 A/B 值调查表

株号	健壮苗		瘦弱苗	
	A 值	B 值	A 值	B 值
1				
2				
3				
合计				
A/B 值				

实验 2-11　棉花各生育时期田间诊断

【实验目的】

1. 掌握棉花蕾期、花铃期生育特点，学习蕾期、花铃期田间诊断技术。
2. 根据诊断结果，能够提出具体栽培管理措施。

【内容与原理】

本实验的主要内容是开展不同长势棉田蕾期和花铃期的田间调查诊断。

按照棉花各器官依次形成的时间顺序，可将棉花的生长发育划分为 5 个时期，即播种期、苗期、蕾期、花铃期和吐絮期。其中，蕾期和花铃期是棉花产量形成的关键时期，做好这两个时期的田间诊断并制定相应管理措施对棉花生产意义重大。

1. 棉花蕾期田间诊断

棉花蕾期是指由现蕾到开花的一段时间，中熟陆地棉品种一般需经历 25~30 d，是营养生长与生殖生长并进时期，但仍以营养生长为主。生产上受品种、密度、肥水条件等因素影响，会出现偏弱型、偏旺型和健壮型 3 种类型的棉株。

田间诊断的主要依据是长势、长相。长势是器官形态连续变化的趋势，是动态的指标，如株高的日增长量、出叶速度、果枝和果节数目的增长速度、叶面积指数动态等。长相是棉花各生育时期的形态特征，是静态的指标，如株高、茎粗、红茎比率、果枝数、果节数、叶片大小、叶色等。通过田间诊断，分清不同类型棉株及其所占比例，可以为制定下阶段管理措施提供依据。棉花蕾期适宜的长势、长相如下。

(1) 主茎性状

①株高。株高在现蕾时为 12~20 cm，在盛蕾期为 30~35 cm。

②主茎日增长量。主茎日增长量在现蕾至盛蕾期为 1.0~1.5 cm，在盛蕾至初花期为

1.5~2.0 cm。

③高宽比和红茎比。棉株横向生长快时，苗敦实。现蕾初期棉株宽度略大于高度，至初花前宽度与高度相近。红茎比为60%~70%，低于60%有旺长趋势，红茎比过高则为弱苗。

(2) 叶片性状

现蕾时主茎真叶有6~8片，主茎倒4叶宽为8 cm；见花时主茎倒4叶宽为15 cm。叶色油绿，叶片稍薄，叶柄较短。

现蕾至盛蕾期的叶面积指数应为0.2~0.4，至开花期可达到1.0。

(3) 现蕾速度

现蕾至盛蕾期，每株每1.5~2.0 d增加1个蕾，盛蕾至初花期每株每天增加1.5个蕾，开花期每株现蕾数达26~30个。

(4) 果枝和果节性状

正常棉田现蕾至初花期，单株每增1个果枝需2.0~2.5 d，每增1个果枝增加2.0~2.5个果节。至开花时果枝数可达9~11个。

蕾期高产棉株长相应为：株形紧凑，茎秆粗壮，果枝平伸，叶片大小适中，蕾多蕾大。若株形松散，叶大蕾小，是旺苗；若株形矮小，秆细株瘦，叶小蕾少，是弱苗。

2. 棉花花铃期田间诊断

花铃期可划分为初花期和盛花结铃期两个时期。初花期约15 d，是棉花生长最旺盛的时期。进入盛花结铃期后，生殖生长逐渐占据优势，代谢旺盛，是营养生长与生殖生长最容易发生矛盾的时期。此时植株对肥水的吸收达到顶峰。若初花期肥水过多，往往引起徒长，营养生长与生殖生长失调，造成大量蕾铃脱落。反之，会使营养生长不足。盛花结铃期肥水过多会引起后期贪青晚熟，过少则会造成早衰。棉花花铃期适宜的长势长相如下。

(1) 主茎性状

①株高(cm)。株高在初花期约为50 cm，在盛花期为70~80 cm，最终株高为100~110 cm。

②主茎日增长量(cm)。主茎日增长量在初花期为2.0~2.5 cm，低于2 cm为长势偏弱，高于3 cm为长势偏旺。

③红茎比(%)。红茎比在初花期为70%左右，在盛花期为90%左右，顶部保持10 cm左右的青茎。此时若红茎到顶，表明植株受旱、缺肥，长势偏弱是早衰的象征。若红茎比过小，则有秋发晚熟趋势。

(2) 叶片性状

开花前主茎倒4叶宽度达到最大，约为15 cm，以后逐渐减小。

开花期前后，由上向下的叶位顺序应为倒数第(4、3)、2、1或3、4、2、1，开花到盛花期为(3、2)、1、4或3、2、1、4。

叶面积指数在初花期达1.5~2.0，在盛花期以3.5~4.0为宜。超过4.5时表明发生旺长。

(3) 现蕾速度

开花后每株每天增加 1.5 个蕾。

(4) 果枝和果节性状

开花后每 2~3 d 出生 1 个新果枝。适宜的果枝和果节数随密度不同而不同，但同一产量水平下的果枝和果节数应达到一定要求。一般皮棉产量为 1.13~1.50 t/hm² 时，每公顷对应的果枝数应为 67.5 万~75.0 万，果节数应为 225 万~270 万。

花铃期高产棉株长相应为：株形紧凑，呈塔形，果枝健壮，节间较短，叶色正常，花蕾肥大，脱落少，带桃封行。如果株型高大松散，果枝斜向生长，叶片肥大，花蕾瘦小，脱落多，属旺长。相反，若植株瘦小，果枝短，叶小蕾少，属长势不足。

【材料与工具】

1. 实验材料

提前种植形成的正常苗、徒长苗和弱苗 3 种类型苗情现场。

2. 实验工具

钢卷尺、游标卡尺、记录表、标牌等。

【方法与步骤】

在正常苗、徒长苗和弱苗 3 种类型棉苗的每块棉田选 3 点，每点定 10 株，调查以下项目，填入表 2-18。

①株高(cm)。即主茎高度，为子叶节至顶端生长点的长度。打顶后测量至最上果枝的基部。

②茎粗(mm)。指子叶节与第一真叶节之间的茎最细部分的直径。

③红茎比(%)。指红茎高占株高的比例。其中，红茎是从棉株子叶节至红绿茎交接处的距离(cm)。

④果枝数(个)。指单株上所有果枝的数目。

⑤第一果枝节位。指在主茎着生的最下部果枝着生的节位，子叶节不计算在内。

⑥第一果枝高度(cm)。指主茎上从子叶节到着生第一果枝处的距离。陆地棉品种一般是 6~8 cm。

⑦主茎叶片数。指主茎上已展平的叶片数，也称叶龄。

⑧叶位。指主茎顶端 4 片主茎叶高低的位置。正常生长的棉花，苗期和蕾期生长点被顶部的主茎叶遮蔽，顶部 4 叶的位置自上而下依 4、3、2、1 的次序排列（即从棉株上部数起，第 4 叶在最上，第 1 叶在最下面），或(4、3)、2、1，即第 3、4 叶持平。

⑨总果节数(个)。指单株上已现蕾的总数，调查时等于一株上的蕾数、花数、铃数、脱落数的总和。

⑩蕾数(个)。即单株总蕾数。幼蕾以三角苞叶直径达 3 mm，肉眼可见作为计数标准。

⑪脱落数(个)。果枝上无蕾、铃的空果节数即为脱落数。

⑫脱落率(%)。指脱落数占总果节数的比例。

⑬开花数(个)。指调查当天的单株开花数（上午为乳白色花，下午为浅粉红色）。

⑭幼铃数(个)。指每株上的幼铃数。幼铃的标准是开花后 2 d 到 8~10 d 以内子房横

径不足 2 cm 的棉铃，一般以铃尖未超过苞叶，横径小于大拇指指甲作为标准。

⑮成铃数(个)。指开花已 8~10 d，横径大于 2 cm，但尚未开裂吐絮的棉铃数。

⑯吐絮铃数(个)。指铃壳成熟开裂，见到棉絮的棉铃数。

⑰烂铃数(个)。指铃壳腐烂面积占铃面的 1/2 以上的棉铃数。

【注意事项】

幼蕾尺寸较小，蕾数调查时要仔细。

【思考与作业】

1. 如何计算蕾铃脱落率？
2. 如何根据花铃期调查结果完成棉花成铃动态分析？
3. 提交棉花不同类型棉苗的生育性状调查表(表 2-18)。
4. 根据调查结果，对当前生长情况做出简单评述，并提出下一步管理措施。

表 2-18　棉花不同类型植株生育期性状调查

株号	株高 (cm)	茎粗 (cm)	红茎比 (%)	果枝数 (个)	第一果枝节位	第一果枝高度 (m)	叶龄	叶位	总果节数 个	蕾数 (个)	花和幼铃数 (个)	成铃数 (个)	吐絮铃数 (个)	烂铃数 (个)	脱落数 (个)
1															
2															
3															
4															
⋮															
平均															

实验 2-12　油菜各生育时期田间观察

【实验目的】

1. 通过对油菜的各生育时期进行田间观察，能够准确识别判断油菜所处的生育阶段。
2. 掌握油菜各生育阶段的发育特点，进一步了解油菜相关知识。

【内容与原理】

本实验的主要内容是在油菜不同的生育时期进行田间观察，了解各生育期的发育特点，做好观察记录，对每个生育期的叶片形态、植株高度、角果长度等进行测量和分析。

油菜的整个生育时期大致可分为发芽出苗期、苗期、现蕾抽薹期、开花期和角果发育成熟期。油菜形成根、茎、叶、花等器官，产生大量的淀粉、脂肪、蛋白质等，为油菜的生长发育提供营养物质。

1. 发芽出苗期

油菜种子没有明显的休眠期，只要田间条件适宜就可发芽。25℃时是种子发芽的最适温度。种子最为适宜发芽的土壤水分含量为田间最大持水量的 60%~70%。在田间土壤水分适宜、当日平均温度 16~20℃ 的条件下，播后 3~5 d 即可出苗，温度在 5℃ 以下时则需要较长时间才能出芽，历时超过 20 d。

2. 苗期

通常把出苗到现蕾这一阶段称为苗期。现蕾是指揭开主茎顶端 1~2 片小叶能见到明显花蕾的时期。苗期主茎一般不伸长，每个节上都会生长一片叶，腋芽附着在叶腋上。

苗期通常分为苗前期和苗后期。出苗至花芽分化为苗前期，花芽分化至现蕾为苗后期，营养生长和生殖生长在苗后期同时进行。一般春性品种花芽分化早，早播早分化，迟播迟分化；而冬性品种分化迟，不论早播、迟播花芽分化都大体发生在同一段时期。

3. 现蕾抽薹期

油菜从现蕾至初花的时期称为现蕾抽薹期，与苗后期一样，营养生长和生殖生长同步。油菜一般先现蕾后抽薹，但也有特殊情况，先抽薹后现蕾或者抽薹现蕾同时进行。我国长江流域甘蓝型油菜蕾薹期一般为 25~30 d，冬油菜蕾薹期一般在 2 月中旬至 3 月中旬，受天气和品种影响。

4. 开花期

油菜从开始开花到花期结束的时期称为开花期，油菜开花分为 4 个阶段：显露阶段、伸长阶段、展开阶段、萎缩阶段。开花受到品种和环境条件的影响，白菜型品种开花早，花期较长，而甘蓝型和芥菜型品种开花迟，花期较短；早熟品种开花早，花期长；晚熟品种则开花迟，花期较短。一般花期长 30~40 d，在逆境条件下花期会有一定的延长。

一般而言，风和昆虫是油菜花粉传播的媒介。油菜开花期的最适温度为 14~18℃，早熟品种适温偏低，迟熟品种适温偏高，最适宜的相对湿度为 70%~80%，最适土壤水分含量约为田间最大持水量的 85%。

5. 角果发育成熟期

从终花期至角果种子成熟的一段时间为角果发育成熟期，是角果发育、种子形成和油分累积的过程。15~20℃ 更有利于干物质和油分积累。在适宜的温度范围内，温度越低，灌浆时间越长，越有利于籽粒的饱满度，提高产量和改善菜籽品质。但温度过低对成熟也不利。

成熟期是生殖生长期，除角果伸长膨大、籽粒充实外，营养生长已基本停止。

【材料与工具】

1. 实验材料

待测油菜植株样品。

2. 实验工具

直尺、铅笔、卷尺。

【方法与步骤】

实验前期拟在油菜试验田划分 6 个小区，规格均为 2 m×5 m＝10 m^2。

1. 发芽出苗期

秋季播种后 3~5 d，观察记录油菜种子的发芽和出苗情况，并统计发芽率和出苗率。

2. 苗期

油菜幼苗生长至 3~5 片真叶时，每个区选取 20 株代表性植株，用直尺测量株高，每个植株各取测量长和宽，计算叶面积，叶面积＝长×宽×系数（展开叶系数为 0.75，未展开叶为 0.50）。

3. 现蕾抽薹期

每个区选取 20 株代表性植株，测量抽薹的高度、株高与叶面积。株高采用卷尺进行测量，现蕾抽薹期前测量地面至叶心的距离，现蕾抽薹期后测量由地面至主花序顶端的距离；同样测量上、中、下部叶片的长和宽，计算叶面积。

4. 开花期

每个区仍选取 20 株代表性植株，从苗期开始记录至初花期，测量株高，计算叶面积。

5. 角果发育成熟期

每个区同样选取 20 株代表性植株，测量株高，计算叶面积，测定单株生产力，包括角果数、千粒重等。

6. 生育期统计

从油菜播种开始至收获连续观察记录各生育时期的具体时间。

【注意事项】

1. 在田间观察时，应同时观察记录植株生长的整齐度，分为整齐（80%以上的植株生长一致）、中（60%~80%的植株生长一致）、不整齐（不足 60%的）。
2. 可根据需要记录冻害植株百分比、冻害指数、耐旱性、耐湿性等。
3. 实验应在各生育时期进行定期观察，并做好相应记录。

【思考与作业】

1. 现蕾抽薹期施肥过多或过少有什么影响？
2. 油菜各个生育时期的标准和特点是什么？
3. 在各个生育期应该怎样管理才能获得较高的产量、较好的品质？
4. 田间观察实验结束后，每人提交一篇实验报告，连同观察记录资料交教师评阅。

第 3 章

作物生长分析

实验 3-1　作物株高、叶面积测定

【实验目的】

1. 了解作物株高、叶面积测定的意义。
2. 掌握作物株高、叶面积测定的原理和方法。

【内容与原理】

1. 株高测定

株高是作物成熟期之后从茎基部至顶部的高度，每株测量两次，取平均值作为株高。在一定范围内随株高的增加作物产量也相应增加，但这不是一个无限的比例。将作物株高控制在适宜高度，植株能够有效积累养分；但当株高超出一定范围，叶面积系数达到最佳值后，与产量的关系出现拐点，产量反而下降。因此在作物生长过程中，及时监测作物株高并采取一定措施可以促进作物的产量提高，从而增加经济效益。

2. 叶面积测定

叶片是植物接受光能的主要器官，其数量多少的空间分布情况对个体和群体受光效率产生很大影响。叶面积是表示光合效率和呼吸速率的重要指标。测定作物叶面积指数的动态变化有助于采取各种有效栽培措施，促进植株的正常发育。

单位土地面积上的作物群体生长量是作物经济产量的基础。衡量一个作物群体大小是否适宜，除了要考虑植株总数外，更要考虑单位土地面积上作物群体的叶面积，作物群体叶面积一般用叶面积指数来表示。

【材料与工具】

1. 实验材料

待测作物植株样品。

2. 实验工具

铅笔、卷尺、1/10 000 电子天平、打孔器、叶面积仪。

【方法与步骤】

1. 株高测定

在成熟期选有代表性的作物植株 20 株,测量每株作物从茎基部至顶部的距离,取平均值。

2. 叶面积测定

(1) 叶形纸称重法

①根据待测叶片形状,取一张足够大的硫酸纸,准确测量并记录硫酸纸的面积 S_1,用天平准确称重 W_1,并计算出纸重面积系数 a。

②将所测叶片平铺在硫酸纸上,用细铅笔沿叶片边缘仔细准确地画出叶形,剪取叶形纸并准确称重 W_2。

③计算待测叶叶面积 S_2。

$$S_2 = S_1 \times W_2 / W_1 = a \times W_2 \tag{3-1}$$

式中　S_2——待测叶叶面积,cm^2;

　　　S_1——硫酸纸面积,cm^2;

　　　W_2——待测叶叶形纸重量,g;

　　　W_1——硫酸纸重量,g;

　　　a——纸重面积系数,cm^2/g。

④计算叶面积校正系数。

$$K_1 = S_2 / W \tag{3-2}$$

式中　K_1——叶面积鲜重校正系数,cm^2/g;

　　　W——鲜重,g。

(2) 叶片鲜样称重法

①鲜重为作物在生长的含水量状态下的活体质量。将作物需要测量鲜重的某一部位从活体植株上取下,迅速装入贴有标签的塑料口袋,封好后带回室内测定。

②选取所摘叶片中具有代表性的 3~5 片。

③将叶片平铺,根据需要取已知面积的叶片,称量其鲜重,计算鲜重面积系数 a,由不同类型叶的 a 值求出平均值 $\bar{a}$。

④将需要测定叶面积的叶片称鲜重 W,然后利用式(3-3)计算叶面积。

$$S = \bar{a} \times W \tag{3-3}$$

式中　S——植株的叶面积,cm^2;

　　　$\bar{a}$——鲜重面积系数平均值,cm^2/g;

　　　W——叶片鲜重,g。

(3) 叶片干重法测定叶面积

①任取 5~8 株作物叶片,选取所摘叶片中具有代表性的 3~5 片,并排排列。

②已知面积叶片称取鲜重后置于烘箱烘干至恒重,称取干重,计算干重面积系数 a_2。

③待测叶片称取鲜重后置于烘箱烘干至恒重,称取干重 W_2。

④计算叶片面积 S_2。

$$S_2 = a_2 \times W_2 \tag{3-4}$$

（4）长宽系数法测定叶面积

①取 5~7 株植株，剪下展开的绿叶。
②量取每片叶片的长 L 和宽 b。
③根据叶形纸称重法测得的校正系数 K_2，计算植株的叶面积 S。

$$S = L \times b \times K_2 \tag{3-5}$$

式中　S——植株的叶面积，cm^2；
　　　L——叶片长，cm；
　　　b——叶片宽，cm；
　　　K_2——校正系数。

【注意事项】

1. 在一定的范围内作物产量随着株高的增加也相应增加。
2. 株高超出一定范围，作物随着株高增加反而下降。原因是叶面积系数已经达到最佳值后，株高与产量的关系出现拐点。
3. 株形过高，易于倒伏，导致收割困难，降低产量。

【思考与作业】

1. 作物叶面积测定有哪些方法？各有什么优缺点？
2. 健康群体对叶面积指数变化有什么要求？
3. 选用小麦、玉米或水稻任一作物，用叶形纸称重法求校正系数 K_2，填写表3-1。
4. 测定株高、叶面积有什么实践意义？操作中应注意哪些问题？
5. 比较不同叶面积测定方法的利弊及测定结果的差异。

表 3-1　叶形纸称重法

植株	叶形纸面积（cm^2）	叶片鲜重（g）	K_1 值	叶片叶形纸质量（g）	叶片长方形纸质量（g）	K_2 值
1						
2						
⋮						

实验 3-2　作物干物质积累动态与定量分析

【实验目的】

1. 掌握作物干物质测定的原理和方法。
2. 通过对作物生长过程的分析，了解作物干物质积累动态规律及其定量研究的方法。

【内容与原理】

测定作物生长发育过程中各时期干物质的量以及产量。

作物干物质是光合作用形成的最终产物。作为作物生长分析的重要因素之一，作物净同化率是指一日或一周之内，整株植株或若干植株干物质的增加量与其叶面积的比值，所以必须在测定叶面积的同时，进行干物质量的测定，从而了解单位面积内的干物质的积累速率。

干物质的积累、转运和分配直接影响作物的最终经济产量。通过测定和分析田间作物干物质积累动态，有利于及时采取有效调控措施，构建作物合理株形和田间群体结构，提高作物光能利用率和产量。作物干物质测定是将作物生长各时期的植株各器官分离分装，先经烘干称重，然后计算单位面积上所有植株的干重。

【材料与工具】

1. 实验材料

待测作物植株样品。

2. 实验工具

记号笔、剪刀、牛皮纸袋或信封袋、1/100 电子天平、烘箱、镊子。

【方法与步骤】

1. 取样

在作物的不同生育时期，取地上部分样品用于实验。采取五点取样法，在试验田选取两个试验小区 A 和 B，在两个小区分别取 10 株作物植株用于测定。

2. 分装

在实验室将植株按照茎、叶、鞘、穗等单独分开，称取各时期植株样品各部位器官鲜重，如果在成熟期，应对籽粒单独进行称重，数出 50 粒籽粒装入一牛皮纸袋内，剩余的装入另一纸袋内；然后把茎、叶、鞘等分别装入纸袋内，每个袋上写明日期、器官名称和小区名称。

3. 烘干

将装好的样本袋放入恒温烘箱内加温，在 105℃ 烘干 1 h 后，维持在 80℃，6~12 h 后进行第一次称重，以后每小时称重 1 次，当样本前后两次重量差 ≤0.5% 时，说明该样本达到了恒重。

4. 称量

烘干样本从烘箱里拿出来后先放入干燥器中冷却，防止冷却过程中干植株吸水，待冷却后进行称重并记录数据。

【注意事项】

1. 不同品种或同一品种在不同栽培条件下籽粒含水量不同，要保持一致。
2. 根据实验小区的面积决定取样量，面积大时取样相应增多。

【思考与作业】

1. 作物干物质分配与其产量形成有什么关系？
2. 健康群体结构对作物干物质生产有什么要求？

3. 以小麦、玉米或水稻为研究作物，对不同生育时期植株各部位的干物质积累进行测定，将结果填入表 3-2 和表 3-3 中，分析作物干物质的增长有什么规律。

表 3-2　植株各部位干物质积累量　　　　　　　　　　　　　　　　　　　　g

株号	茎	叶	鞘	50 粒籽粒	剩余粒	颖壳
1						
2						
3						
⋮						
平均						

表 3-3　不同生育时期各部位干物质积累量　　　　　　　　　　　　　　　　g

时期	茎	叶	鞘	50 粒籽粒	剩余粒

实验 3-3　作物光合作用测定

【实验目的】

1. 掌握作物叶片光合速率的测定方法。
2. 了解 LI-6400 光合仪测定作物叶片光合速率的原理。

【内容与原理】

测定作物叶片的光合速率。

作物叶片的净光合速率可以用单位时间内单位面积叶片的氧气生成量、单位时间内单位面积叶片的二氧化碳消耗量、单位时间内单位叶面积的干物质生成量来表示。LI-6400 光合仪采用气体交换法来测定植物光合作用，通过测量流经叶室空气的 CO_2 浓度变化来计算叶室内作物的光合速率。

【材料与工具】

1. 实验材料

不同作物的叶片。

2. 实验工具

LI-6400 光合仪。

【方法与步骤】

①测量准备。与硬件连接，在进气口接上缓冲可乐瓶，保证进气稳定。

②开机。配置界面选择 Factory Default，连接状态按"Y"，进入主菜单，预热 15～20 min。

③按 F4 进入测量菜单。

④将苏打管和干燥剂管都拧到 By Pass 位置。

⑤调节叶室闭合螺丝，关闭叶室，等待 a 行参数：CO_2_R，CO_2_S，H_2O_R 和 H_2O_S 值稳定后，对叶室吹一口气，检查 CO_2_S 增加是否超过 2 mg/L，否则就是漏气。判断是否漏气，如果漏气，将叶室闭合螺丝拧紧一些，再吹气判断。

⑥检查零点。把苏打管完全旋至 Scrub，等待 a 行参数稳定后，观察 CO_2_R 参数绝对值 < 5 μmol/mol，然后把干燥剂管完全旋至 Scrub，等待 a 行参数稳定后，H_2O_R 参数绝对值 < 0.5 mmol/mol。

⑦把苏打和干燥剂管完全旋至 By Pass。

⑧检查温度是否正常。拔掉热电偶紫色插头，进入 h 行，检查如果 Tblock 与 Tleaf 差值<0.1℃，表示热电偶零点正常，否则，调节电位调节器螺丝（位于 IRGA 下部）至正常范围。

⑨将叶室正对太阳光，按 g 可查看光强 PAR In 和 PAR Out。同时查看 g 行的大气压值是否正常。

⑩按 F5(Match)，进入匹配界面，待 CO_2_R 与 CO_2_S、H_2O_R 与 H_2O_S 值相等时按 F5，然后按 F1 等待仪器退回测量菜单，检查 b 行参数：$\Delta CO_2 < 0.5$，$\Delta H_2O < 0.05$ 即可。

⑪按 F1(Open Logfile)，打开一个数据记录文件，命名，需要的话，添加备注(Remark)。

⑫按分析器头手柄，打开叶室，夹好测量的植物叶片。

⑬按 3，F1(Area)输入实际测量的叶片面积。

⑭控制叶片温度。选择 Block 温度，输入目标温度。

⑮等待 a 行参数稳定，b 行 ΔCO_2 值波动<0.2，Photo 参数稳定在小数点之后一位；c 行参数在正常范围(0<Cond<1、Ci>0、Tr>0)。

⑯按 F1(Log)记录数据。

⑰打开叶室，换另一叶片，按 F4(Remark)增加备注，再重复步骤⑩～⑭，重复测定。

⑱按 F3(Close File)，保存数据文件。

【注意事项】

1. 叶片生长环境一致，且能代表满足实验目的需要的叶片生长微环境。
2. 叶龄一致，避免使用衰老和不成熟叶片。
3. 叶片之间无相互遮阴的叶片。
4. 测定过程中尽量保持叶片原来状态，包括位置、角度等。

5. 最适测定时间为上午 9：00~11：00，即双峰植株第一个光合状况最佳时间，如果是单峰植株，则测定时间可以延长至下午。

6. 进行同一个实验时，为了增强对比性，需要将不同叶片的外部环境条件设置一致，如流速、叶温、空气湿度等。

【思考与作业】

1. 简述作物叶片光合速率与作物产量的关系。
2. 测定小麦旗叶的光合速率。
3. 分析影响叶片光合速率的因素。

实验 3-4 叶绿素含量和叶绿素荧光的测定

【实验目的】

1. 掌握叶绿素含量的测定方法。
2. 掌握叶绿素荧光的测定方法。

【内容与原理】

测定作物叶片叶绿素含量和叶绿素荧光。

SPAD 叶绿素仪通过测定叶片在两种波长（650 nm 和 940 nm）的光学浓度差来确定叶片当前叶绿素的相对含量。测量值是通过测量叶片在两种波长范围内的透光系数来确定叶片当前叶绿素的相对数量，在这两个区域，叶绿素对光的吸收不同。这两个区域是红光区（对光有较高的吸收且不受胡萝卜素影响）和红外线区（对光的吸收极低）。

叶绿素荧光分析是通过测定叶绿素荧光，准确获得光合作用量及相关的植物生长潜能数据。

【材料与工具】

1. 实验材料

不同作物的叶片。

2. 实验工具

SPAD-502 叶绿素仪、PAM-2100 便携式叶绿素荧光仪。

【方法与步骤】

1. 叶绿素含量测定

（1）调零

每次开机时都需要调零。操作步骤：打开电源，在取样夹没有样品时，用手指按闭样品夹，直到发出"滴"的声音，此时显示屏显示"— — —"，放开样品夹，调零完成。

（2）测定

用手指按住样品夹，直到发出"滴"的一声测量值出现在显示屏上为止。测量值会自动储存在内存中。

2. 叶绿素荧光测定

（1）仪器安装

将光纤、主控单元和叶夹 2030-B 相连接。光纤的一端必须通过位于前面板的三孔光纤连接器连接到主控单元，光纤的另一端固定到叶夹 2030-B 上。同时，叶夹 2030-B 还应通过 Leaf Clip 插孔连接到主控单元。

（2）开机

按"Power On"键打开内置程序后，绿色指示灯开始闪烁，说明仪器工作正常。随后，主控单元的显示器会出现 PAM-2100 的标识。从仪器启动到进入主控单元界面大概要经历 40 s。

（3）测定

通过选择合适的测定光强、增益、样品与光纤的距离来调节 Fo 处于 200~400 mV。

①Fo、Fm 和 Fv/Fm 的获得。按"Shift + Return"键调出菜单执行 Fo-Determination 来测定 Fo，也可以通过按外接键盘的"Z"键来测量 Fo。按"Fm"键或按外接键盘的"M"键来测量 Fm，Fv/Fm 也会自动获得。

②量子产量 Yield 的获得。按"Yield"键即可。或者将指针移到"RUN"处，激活"RUN 1"，只需按叶夹 2030-B 上的红色遥控按钮即可。

（4）数据输出

将 RS-232 数据线和 PAM-2100 主控单元连接好，进入动力学窗口，按"Menu"键，进入 Data 子菜单，选择 Transfer Files 并按回车键。打开一个窗口选择 RS-232 数据线的"Com-Port"，选择并激活 Com-Port 后，出现另一个窗口，其中显示 PAM-2100 中存储的数据文件。双击该文件就可进行传输。

（5）关机

按"Com"键，出现命令选择菜单，按"V"键选择"Quit Program"，按回车键即可关闭仪器。将光纤和叶夹 2030-B 卸下并整理好，放入荧光仪专用箱保管。

【注意事项】

1. 测定时，SPAD-502 叶绿素仪如果发出连续的"滴滴"声、屏幕显示"CAL"和"EU"，表明样品夹的发射窗品与接收窗口可能玷污，需用镜头纸进行清洁。

2. 使用便携式叶绿素荧光仪时，禁止在开机的情况下连接外接电源，禁止过度弯曲光纤。

【思考与作业】

1. 影响叶绿素荧光参数的主要环境因子有哪些？
2. 测定不同作物叶片的叶绿素 SPAD 值。
3. 使用便携式叶绿素荧光仪（PAM 2100）测定小麦叶片的荧光参数。

实验 3-5 作物根系活力测定

【实验目的】

1. 掌握作物根系活力的测定方法。
2. 了解测定作物根系活力水平的意义。

【内容与原理】

测定作物根系活力。

氧化三苯基四氮唑(TTC)是标准氧化电位为 80 mV 的氧化还原色素,溶于水后为无色溶液,但还原后即生成红色而不溶于水的三苯甲腙。三苯甲腙比较稳定,不会被空气中的氧自动氧化,所以 TTC 被广泛用作酶试验的氢受体。植物根系中脱氢酶所引起的 TTC 还原,可因加入琥珀酸、延胡索酸、苹果酸而得到加强,也可被丙二酸、碘乙酸所抑制。所以 TTC 还原量能表示脱氢酶活性并作为根系活力的指标。

【材料与工具】

1. 实验材料

不同作物的根系。

2. 实验工具

分光光度计、天平、温箱、研钵、漏斗、容量瓶、移液器、试管架、量筒、滤纸等。

3. 实验药剂

乙酸乙酯、次硫酸钠、0.4%TTC 溶液、石英砂、磷酸缓冲液、0.4 mol/L 的琥珀酸、1 mol/L 的硫酸。

【方法与步骤】

1. 绘制 TTC 标准曲线

吸取 0.4% TTC 溶液 0.2 mL 放入 10 mL 容量瓶;加少许次硫酸钠粉末,摇匀后即产生红色的三苯基甲腙(TTCH),用乙酸乙酯定容至刻度,摇匀(相当 TTC 80 μg/mL)。从其中分别取 0.25 mL、0.5 mL、1.0 mL、1.5 mL 和 2.0 mL 置于 5 个 10 mL 容量瓶中,用乙酸乙酯定容至刻度。此时 TTC 含量分别为 20 μg/mL、40 μg/mL、80 μg/mL、120 μg/mL 和 160 μg/mL。以乙酸乙酯为空白,用分光光度计在 485 nm 波长下测定光密度。以光密度为横坐标,以 TTC 含量为纵坐标,绘制标准曲线。

2. 处理材料

将 0.5 g 根尖材料放入小烧杯中,加入 0.4% TTC 溶液和 0.067 mol/L 的磷酸缓冲液各 5 mL,使根完全浸没在反应液中,置于 37℃ 的黑暗条件下保温 1~2 h,然后加入 1 mo/L 的硫酸 2 mL 终止反应,并准确计时。

取出根尖材料,用滤纸吸干后,与 3~4 mL 乙酸乙酯同少量石英砂一起在研钵中研碎,以提取三苯基甲腙。把红色浸提液滤入试管,并用少量乙酸乙酯把残渣洗涤 2~3 次,滤入试管,最后加乙酸乙酯使总体积为 10 mL。用分光光度计在 485 nm 波长下测定光密度,以空白实验(先加入硫酸后加入根样品,其余操作同上)为对照。查标准曲线,即可求出 TTC 还原量。

3. 结果计算

$$TCCRR = TCCRA/(RW \times t) \qquad (3-6)$$

式中　　$TCCRR$——TCC 还原速率;
　　　　$TCCRA$——TCC 还原量,g;
　　　　　RW——根重,μg;
　　　　　　T——时间,h。

【注意事项】
1. 选取幼苗根尖用于测定根系活力。
2. 吸干根系水分时,用力要轻,以免压坏根尖。

【思考与作业】
1. 为什么要将待测根系放置于 37℃ 的黑暗条件下保温 1~2 h?
2. 测定玉米、小麦、水稻幼苗的根系活力。
3. 查阅资料,比较各种测定作物根系活力方法的优缺点。

第 4 章

作物产量测定及室内考种

实验 4-1 小麦产量测定与室内考种

【实验目的】
1. 掌握小麦产量的测定方法。
2. 掌握小麦室内考种方法。

【内容与原理】
本实验主要进行小麦理论产量测定；进行小麦实收测产；进行植株室内考种。

1. 小麦理论测产

$$GY = SN \times GN \times TW \times 10^{-6} \tag{4-1}$$

式中 GY——理论产量，kg/hm^2；
         SN——穗数，万穗/hm^2；
         GN——穗粒数，粒；
         TW——千粒重，g。

2. 小麦实收测产

$$Y = Y_1 \times (1 - Y_2/5)/S \times 10^4 \tag{4-2}$$

式中 Y——每公顷鲜麦重，kg/hm^2；
         Y_1——总产量，kg；
         Y_2——去糠后产量，kg；
         S——作物面积，m^2。

$$RY = Y \times (1 - M)/(1 - 13\%) \tag{4-3}$$

式中 RY——实测产量，kg/hm^2；
         Y——每公顷鲜麦重，kg/hm^2；
         M——含水量，%。

【材料与工具】

1. 实验材料

不同群体大小的麦田。

2. 实验工具

联合收割机、钢卷尺、直尺、剪刀、1/100 电子天平、种子水分测定仪等。

【方法与步骤】

1. 测定时间

完熟初期叶片基本枯黄，籽粒变硬，呈品种本色，含水量小于 20%。

2. 测定方法

(1) 理论测产

每个地块随机取 3 个样点，每个样点 1 m²，调查样点内小麦成穗数，计算公顷穗数；在每个样点内随机选取 30 穗，调查穗粒数；随后脱粒风干，计算小麦千粒重。进行产量计算。

(2) 实收测产

根据地区规模确定样点数量(6.67 m² 随机选取 2 个地块，66.7 m² 随机选取 5 个地块，667 m² 随机选取 10 个地块)，用联合收割机随机实收 667 m² 以上连片小麦 $S(m^2)$，收获后，称重并合计总产量 $Y_1(kg)$。在总产量中随机分取 5 kg，及时除去麦糠等杂质后称重 $Y_2(kg)$ 和测定含水量 $M(\%)$。计算产量。

3. 室内考种

株高(cm)：分蘖节至主茎顶端(不计芒)的高度。

有效分蘖数(个)：主茎以外的结实分蘖数。

穗长(cm)：穗基部至顶端(不计芒)的长度。

每穗小穗数(穗)：包括有效小穗数(结实小穗)和无效小穗数(无籽粒小穗)。

穗粒数(粒)：穗的结实粒数。

千粒重(g)：每份材料随机数取风干籽粒 500 粒 3 份，称重，平均换算。

容重：用容重器测定。

【注意事项】

1. 理论测产时，抽取的样本内小麦穗数、粒数一定要有代表性，不能在大田中密度和穗粒数偏大或偏小处取样调查。

2. 样品留存，备查或等自然风干后再校正。

【思考与作业】

1. 如何保证小麦测产的准确性？
2. 小麦产量的构成因素有哪些？
3. 小麦适宜收获是什么时期，该时期有什么特点？

实验 4-2 玉米产量测定与室内考种

【实验目的】
1. 掌握玉米成熟期田间测产的方法。
2. 掌握玉米室内考种的方法。

【内容与原理】
本实验主要进行玉米产量测定和室内考种。

农业生产的直接目的是获得农产品。产量是作物生产中最重要的指标之一，也是检验品种和栽培技术成果的终极指标。因品种、栽培条件、自然气候不同，玉米产量的表现也有所差异。玉米产量构成因素包括单位面积穗数、粒数和粒重，而产量构成因素又是检验群体结构是否合理和分析产量差异的重要依据。通过田间性状调查及室内考种，对不同产量水平条件下玉米株高、双穗率、空株率、单株绿叶面积、穗位高度、粒行数、百粒重等产量性状进行测定，明确不同栽培条件下产量构成因素间的差异，并按下式计算出玉米理论产量：

$$GY = SN \times GN \times TW \times 10^{-6} \tag{4-4}$$

式中 GY——理论产量，kg/hm^2；
  　　SN——穗数，万穗/hm^2；
  　　GN——穗粒数，粒；
  　　TW——千粒重，g。

通过考种及测产，可分析不同栽培条件下的合理产量构成，为产量的进一步提升提供理论依据。

【材料与工具】

1. 实验材料

玉米植株及果穗。

2. 实验工具

钢卷尺、皮卷尺、托盘天平、电子天平、磁盘、尼龙种子袋、标签、剪刀等。

【方法与步骤】

1. 玉米成熟期田间测产

玉米真正生理成熟的重要标志是乳线消失和黑层出现。测产前对不同栽培条件下的玉米生长情况进行实地考察，为选点取样做准备。可分为若干组（每组 3~5 人），每小组在测产田中按对角线法划定 5 个测产小区，先用皮尺测定小区的实际面积（m^2或hm^2）。然后在每点进行下列项目的调查并将测定结果填入表 4-1。

（1）选点取样

每点连续选取有代表性的植株 30~50 株，调查双穗率、空株率、折断率、单株果穗率和黑粉病株率。

双穗率＝双穗株数/小区株数×100%　　　　　　　　　　　(4-5)
空秆率＝空秆株数/小区株数×100%　　　　　　　　　　　(4-6)
折断率＝折断株数/小区株数×100%　　　　　　　　　　　(4-7)

(2)行、株距测定

量测 21 行的距离除以 20 求出行距；间隔选出 4~5 行，每行量 51 株的距离除以 50 求出株距，根据行距和株距计算出每公顷株数。

每公顷株数＝1000/(平均行距×平均株距)　　　　　　　　(4-8)

(3)结实率、每穗粒数和粒重测定

在测定株距的地段上，计算植株的同时计算总穗数，得出单株结实率。从样点内连续选取 30 个果穗，调查籽粒行数和每行粒数，计算穗粒数。果穗全部脱粒晒干后称取籽粒质量。

(4)产量测定

根据田间测定的产量构成因素，然后根据式(4-4)计算农田玉米理论产量。

2. 玉米室内考种

在大田选取的代表性样点内，连续选取 10~20 株植株，进行下述性状的考察。

株高(cm)：自地面至雄穗顶端的高度。

双穗率(%)：单株双穗(指结实 10 粒以上的果穗)的植株占全部样本植株数的百分比。

空株率/空秆率(%)：不结实果穗或有穗结实不足 10 粒的植株占全部样本植株的百分比。

单株绿叶面积(cm^2)：单叶中脉长(cm)×最大宽度(cm)×0.7 的总和。

每公顷绿叶面积：平均单株叶面积×密度(株/hm^2)/10^4。

叶面积指数：每公顷绿叶面积。

穗位高度(cm)：自地面至最上果穗着生节的高度。

茎粗(cm)：植株地上部第 3 节间中部扁平面的粗度。

果穗长度(cm)：穗基部(不包括穗柄)至顶端的长度。

果穗粗度(cm)：以直径表示，距果穗基部 1/3 处的直径。

秃顶率(%)：秃顶长度占果穗长度的百分比。

粒行数(行)：果穗中部籽粒行数。

穗粒数(粒)：一果穗籽粒的总数。

果穗重(g)：风干果穗的质量。

穗粒重(g)：果穗上全部籽粒的风干重。

籽粒出产率(%)：穗粒重/果穗重×100%

百粒重(g)：自脱粒风干的种子中随机取出 100 粒称重，精确到 0.1 g，重复 2 次。如两次的差值超过两次的平均重量的 5%，需再做一次，取两次重量相近的值加以平均。在样品量大的情况下，进行千粒重的测定。

【注意事项】

1. 测产及考种时，从大田选取的样点及植株一定要有代表性，不可在密度偏大或偏小的地方取样。

2. 测量应注意减少人为误差，脱粒过程尽可能减少籽粒损失。

【思考与作业】

1. 影响玉米考种及测产准确性的因素有哪些？如何避免？
2. 填写表 4-1 和表 4-2。
3. 完成玉米理论产量的测定报告。

表 4-1　玉米田间测产统计表

样点	行距（cm）	株距（cm）	每公顷株数（株）	空株率（%）	双穗率（%）	每公顷穗数（穗）	穗粒数（穗）	千粒重（g）	产量（kg/hm²）
1									
2									
3									
⋮									

表 4-2　玉米单株经济性状考察表

株号	株高（cm）	穗位高（cm）	穗数（穗）	穗长（cm）	秃顶长（cm）	秃顶率（%）	粒行数（行）	每行粒数（粒）	果穗重（g）	穗粒数（粒）	籽粒出产率（%）
1											
2											
3											
⋮											

实验 4-3　水稻产量测定与室内考种

【实验目的】

1. 掌握水稻考种的基本方法。
2. 学习并掌握水稻测产及性状调查的方法。

【内容与原理】

1. 水稻产量测定

产量是作物生产中最重要的指标之一，它是检验品种和栽培技术成果的终极指标，因而生产和科研实践中经常涉及对栽培对象的产量测定。大面积栽培时，多数情况下对栽培对象进行全面积收获是不可能的，往往需要进行抽样收割。产量构成因素是对产量进行科学分析的重要参数，这些参数是总结品种特性和解释栽培成果的基础。

在水稻收获前，根据被测农田水稻产量构成因素的差异将其划分为不同等级，再从各等级中选定具有代表性的田块作为测产对象。用从各代表性田块测得的产量分别乘以各田块的面积,就可以估算所测地区的当季稻谷产量。

常用测产方法有 3 种:小面积试割法;穗数、粒数、粒重测产法;挖方测产法。

2. 水稻室内考种

植株完全成熟后,某些性状得以表现或固定。水稻室内考种是对收获后的育种材料的特定性状(如产量性状、品质性状)进行测定和评价的方法。在水稻新品种选育过程中,从杂交后代的单株选择到不同的比较试验阶段,都要进行室内考种,以获得准确的经济性状数据,作为评定材料优劣、决定材料取舍的依据。因此,对育种工作来说,室内考种是一项必须掌握的基本技术,也是一项重要工作。

水稻的各种性状不仅可作为鉴别品种的依据,还可作为判断不同品种生产潜力、抗倒伏及耐高(低)温能力的指标。例如,对抽穗期同处于高温时段的两个品种进行结实率考察,就可了解它们耐高温能力的差异;通过对茎基部两个伸长节间的长度及茎壁厚度的考察,便可推测品种的抗倒伏能力等。在品种选育过程中,经过田间选择,结合在室内对植株进行系统考察,就可以从大量的选育材料中遴选有实用价值的材料或配组的杂交组合。

【材料与工具】

1. 实验材料

当前生产上推广应用或同等栽培条件下的两个水稻品种的成熟植株。

2. 实验工具

米尺、游标卡尺、量角器、电子天平、考种盘、剪刀、计算器、种子袋、小型碾米机、数粒仪。

【方法与步骤】

1. 水稻产量测定

(1)产量测定的方法

①小面积试割法。在大面积测产中,选择有代表性的小田块,进行全部收割、脱粒,称湿谷重,有条件的则干燥后称重。一般情况下,根据早、晚季稻和收割时的天气情况,按 70%~85%折算干谷或取混合均匀的鲜谷 1 kg 晒干后算出折合率,丈量田块面积,计算每公顷干谷产量。

②穗数、粒数、粒重测产法。水稻单位面积产量是每公顷有效穗数、每穗平均实粒数和粒重的乘积,对这 3 个因子进行调查测定,就可求出理论产量。

③挖方测产法。在有代表性的田块中选好点,每块田选 2~3 点,每点收割面积 10 m^2 左右,将其全部脱粒称鲜重,然后全部晒干称干重,也可混合均匀后各取 1 kg 晒干算出折合率,还可据收割时的天气情况折算成干谷重,丈量挖方的准确面积,算出其单位面积产量。

(2)性状调查

①测定实际行、穴距,求单位面积穴数。在每个取样点上,测定 11 行及 11 穴的距

离，分别以 10 除之，求出该取样点的行、穴距，再把各样点的数值进行统计，求出该田的平均行、穴距。

$$NPPH = 10\ 000/(ADPR \times ADPP) \tag{4-9}$$

式中　NPPH——每公顷实际穴数，穴；
　　　ADPR——平均行距，m；
　　　ADPP——平均穴距，m。

②调查每穴有效穗数。在每个取样点上，连续调查 30~50 穴，调查每穴有效穗数，统计各点及全田的平均每穴有效穗数。

$$每公顷穗数 = 每公顷实际穴数 \times 每穴平均穗数 \tag{4-10}$$

③调查代表穴的实粒数。在各取样点上，每点选取 3~5 穴穗数接近该点平均每穴穗数的稻穴，调查各穴的每穗实粒数，统计每穴平均实粒数，以每穴的总实粒数除以每穴的总穗数求出该点平均每穗实粒数，各点取平均值，则得出全田平均每穗实粒数。

④理论产量的计算。根据穗数、粒数的调查结果，按品种及谷粒的充实度估计粒重，一般稻谷 3400~4300 粒/kg，也可将实粒晒干或烘干，称其千粒重。

$$GY = SN \times GN \times TW \times 10^{-6} \tag{4-11}$$

式中　GY——每公顷产量，kg；
　　　SN——穗数，万穗/hm²；
　　　GN——穗粒数，粒；
　　　TW——千粒重，g。

2. 水稻考种的内容及标准

①株高(cm)。自地面茎基部量至穗顶部(植株中最高的穗顶，不包括芒长)，求其平均值。

②株高整齐度。主穗与有效分蘖穗高度的整齐程度，目测评定分为 3 级记录。

整齐：主穗与分蘖穗在同一层次内。

较整齐：主穗与分蘖穗分布在 2 个层次。

不整齐：主穗与分蘖穗分布在 3 个层次。

③剑叶。进行长短、宽窄和伸展角度测定，只测定主茎。

剑叶长度(cm)：测量剑叶叶枕至叶尖的长度。

剑叶宽窄(cm)：测量剑叶最宽处。分为 3 级，"宽"为叶宽大于 1.5 cm；"中"为叶宽 1.0~1.5 cm；"窄"为叶宽小于 1.0 cm。

剑叶角度(°)：指剑叶自然伸展和穗颈所成的角度。根据大小分为 3 级，"大"为角度大于 60°；"中"为角度 30°~60°；"小"为角度小于 30°。

④穗长(cm)。测量主穗和有效分蘖穗从穗颈节量至穗顶(不包括芒长)的长度，求其平均值。

⑤穗枝梗数(个)。计数全穗的梗数(有 2 粒谷以上的视为 1 枝梗)，求其平均值。

⑥复枝梗数(个)。计数第二次枝梗数(有 2 粒谷以上的视为 1 枝梗)，求其平均值。

⑦穗粒数(粒)。计数每穗实粒数(包括已脱落的粒数、瘪粒数)和空粒数，而后求平

均每穗总粒数(实粒数+空粒数),最后计算结实率。

$$结实率=平均每穗实粒数/平均每穗总粒数×100\% \quad (4-12)$$

⑧着粒密度。为 10 cm 内的着生谷粒数。

$$着粒密度=平均每穗总粒数/平均穗长×10 \quad (4-13)$$

⑨芒的有无及长短。主穗上有芒粒数在 10% 以下的为无芒,在 10% 以上的有芒。芒的长短分为 4 级(表 4-3)。

表 4-3 水稻芒不同类型判定依据

类型	芒长(mm)	类型	芒长(mm)
顶芒	≤10	中芒	30~60
短芒	10~30	长芒	≥60

⑩落粒性。每个单株剪取 5 穗,分别从离地约 170 cm 的高度自然落于地上或搪瓷盆内,每穗连续进行 3 次,全部处理后,收集脱落的谷粒称重,并脱下存留在穗上的谷粒称重,而后计算脱落率。

$$FR=QF/QT×100\% \quad (4-14)$$

式中　FR——脱落率,%;

　　　QF——脱落谷粒的质量,g;

　　　QT——谷粒的总质量,g。

⑪单株谷粒质量(g)。将单株谷粒脱下并收集称量,最后求单株谷粒平均质量。

⑫谷粒千粒重(g)。晒干后随机数取饱满谷粒试样两份,每份 1000 粒,称其质量,如果两份的质量差值不超过两者平均质量的 3%,则以其平均质量作为千粒重,否则重测,取质量差值最小的两份求千粒重。

⑬谷粒长宽比。谷粒长度与谷粒宽度的比值。

⑭糙米色。分琥珀色、乳白色、红色、紫黑色等。

⑮腹白大小。任取 10~20 粒稻谷,去其谷壳,用目测法观察腹白大小。分为 3 级:"大"腹白占米粒体积的 1/5 以上;"中"腹白占米粒体积的 1/10~1/5;"小"腹白占米粒体积的 1/10 以下。

⑯谷草比。晒干单株谷重与秆草重的比值,取平均值。

自行组成小组,逐项按以上标准考种。当一个单株考种完毕时,应将全部种子装入种子袋,并在种子袋上写明材料名称、代号等。清理干净工作台,再进行下一株考种,不能混杂。将考种结果填入表 4-4。

【注意事项】

性状调查过程中,选好测产田后便可进行取样调查,根据田块大小及田间生长状况确定取样点(调查点),取样点力求具有代表性和均匀分布。常用的取样方法有五点取样法、八点取样法和随机取样法等,当被测田肥力水平不均、稻株个体差异大时,则采取按比例不均等设置取样点的方法。

表 4-4　水稻室内考种结果

株号	株高	整齐度	剑叶		穗长	枝梗		穗粒数		
			长	宽		总数	复枝梗数	总数	实粒数	结实率
1										
2										
3										
⋮										

株号	着粒密度	芒有无、长短	落粒性	单株重(g)	千粒重(g)	谷粒长宽比	腹白大小	粒色	谷草比
1									
2									
3									
⋮									

【思考与作业】

1. 根据考种结果，对杂种后代的单株品系(种)进行评价。
2. 根据穗数、粒数、粒重测产法，写出测产步骤和测产结果。
3. 以小组为单位，根据表4-4中的考种指标值评价单株品系(种)的优劣。

实验 4-4　薯类产量测定与室内考种

【实验目的】

1. 了解薯类作物测产和室内考种的内容及意义。
2. 掌握薯类作物测产和考种的方法。

【内容与原理】

1. 马铃薯测产

将样点全部植株进行收获，并分商品薯(大于 50 g 的中薯和大薯)和非商品薯(小于 50 g 的小薯)分别称重。若收获时薯块带土较多，每样点收获时取样 5 kg，冲洗前后分别称重，计算杂质率。

2. 甘薯测产

先测出每公顷株(窝)数，然后按对角线取 3~9 个测点，每个测点刨 3~5 株(窝)，求出每株(窝)的平均产量，然后乘以每公顷株(窝)数，最后算出每公顷的产量。

【材料与工具】

1. 实验材料

不同马铃薯品种的块茎及实生种子。

2. 实验工具

直尺、天平、蜡笔、调查记录本等。

【方法与步骤】

1. 马铃薯测产

（1）选取样点

测产应选有代表性的样点。如果田块平坦，植株生育一致，则可按对角线法取样。取点的数目可依面积而定。一般面积在 1000 m² 以内选 3 个点，1000 m² 以上每增加 1000 m² 可增选 1 个点。

（2）计算每公顷株数

先测量株距和行距，即在所选各点测定 10 株的距离，再平均得出株距。在各点选定 10 行的距离，将各点平均，得出平均行距，然后按下式计算每公顷株数。

$$P = 10\,000/(LS \times RS) \qquad (4-15)$$

式中　P——每公顷株数，株；

　　　LS——平均行距，m；

　　　RS——平均株距，m。

（3）求单株平均质量

在每个点上挖取相邻的两垄各 10 株，即每点挖取 20 株。各点分别挖取后，将各取样点的薯块混合称重，按所取株数求出单株平均质量。

（4）计算产量

根据以上求得的每公顷株数和单株平均质量，即可按下式计算每公顷产量。

$$GY = Y \times PN \qquad (4-16)$$

式中　GY——每公顷产量，kg；

　　　Y——单株平均重量，kg；

　　　PN——每公顷株数，株。

2. 甘薯的产量测定

（1）测定株行距

每块田测定 20~30 行的行距，求其平均值。间隔选出 4~5 行，每行测定 40~50 株的株距，求其平均值。根据以下公式求出每公顷株数。

$$P = 10\,000/(LS \times RS) \qquad (4-17)$$

式中　P——每公顷株数，株；

　　　LS——平均行距，m；

　　　RS——平均株距，m。

（2）测定单株结薯数和结薯重

在所调查的田块选取 20 株有代表性的植株，挖取后洗净，室内测定单株薯重，根据单株薯重估测产量。

（3）测定晒干率

先测定薯块鲜重，然后将薯块切成片，在烘箱中 105℃ 下烘干至恒重，根据以下公式求出晒干率。

$$DR = DW/WW \times 100 \qquad (4-18)$$

式中　DR——晒干率，%；
　　　DW——晒干重，kg；
　　　WW——鲜重，kg。

3. 薯类室内考种

薯类室内考种主要是考察块茎的性状，不同育种材料的考种项目、方法和要求不尽相同。收获时随机调查 2 个小区，两次重复取平均值。

描述并记录马铃薯块茎性状、甘薯根茎特性，计算并记录产量。

①商品薯率。收获时块茎按大小分级后称重，计算商品薯率。

②烘干率。选有代表性的薯块，切片或（丝）后先用 60℃ 烘干，再用 105℃ 高温烘干至恒重。

$$CR = CW/WW \times 100 \qquad (4-19)$$

式中　CR——烘干率，%；
　　　CW——烘干重，kg；
　　　WW——鲜重，kg。

③鲜薯产量、薯干产量的计算。

$$鲜薯产量(kg/hm^2) = 每公顷株数 \times 单株薯块数 \times 单薯重(kg) \qquad (4-20)$$
$$薯干产量(kg/hm^2) = 鲜薯产量(kg/hm^2) \times 烘干率(\%) \qquad (4-21)$$

【注意事项】

1. 考种结果应记载在调查记录纸上。
2. 采集样本都要附有标牌，登记样本材料名称、器官部位和采样日期等信息。
3. 薯类产量均按鲜重计，不折算为原粮。

【思考与作业】

1. 马铃薯和甘薯的产量测定及考种方法有何异同？
2. 利用各组求得的不同面积的平均产量，按加权平均法求出全班所占地块的平均产量。
3. 每人考种 3 份马铃薯植株、块茎或杂交种子。

实验 4-5　油菜产量测定与室内考种

【实验目的】

1. 了解油菜育种材料室内考种的意义与方法。
2. 学会油菜田间调查与室内考种的项目及标准。
3. 了解油菜产量测定及收获指数相关计算方法。

【内容与原理】

1. 油菜产量测定

作物产量通常分为生物产量和经济产量。生物产量是指作物一生(即全生育期)通过光合作用和吸收作用(即通过物质和能量的转化)所生产和累积的各种有机物的总量。计算生物产量时通常不包括根系(块根作物除外)。经济产量是生物产量中所要收获的部分。经济系数(收获指数)指的是经济产量与生物产量的比值,即生物产量转化为经济产量的效率。

$$经济系数(收获指数) = 经济产量/生物产量 \tag{4-22}$$

$$油菜产量(kg/hm^2) = 每公顷株数 \times 单株有效角果数 \times 角果数 \times 千粒重 \times 测产系数(取\ 0.85) \times 10^{-6} \tag{4-23}$$

$$油菜单株产量(g) = 单株有效角果数 \times 角果数 \times 千粒重 \tag{4-24}$$

2. 油菜室内考种

农艺性状考察应包括对株形性状和产量性状的考察。单株有效角果数(NSP)、每角粒数(NS)和千粒质量(TSW)是油菜产量构成的主要因素。此外,油菜产量性状还包括主花序有效角果数($NSTR$)和单株产量(SYP)。涉及株形的性状如株高(PH)、有效分枝高度(VBH)、主花序有效长度(MIL)、一次有效分枝数(BN)、二次有效分枝数(SBN)、顶端分枝角(TBA)、中部分枝角(MBA)、基部分枝角度(BBA)、角果长(SL)、角果宽(SW)10个性状。这些性状通过影响产量性状或作物倒伏间接地影响油菜产量。通过测量这15个表型性状,可为油菜分枝角度的遗传研究提供技术支撑,对利用株形相关性状进行定量评价和遗传研究也十分必要。

每个品种随机选取5~10株具有品种典型性状、健壮、无病虫、生长状况相同的植株进行农艺性状考察,测量每株油菜的单株有效角果数、千粒重、每角粒数,然后计算单株产量。

【材料与工具】

1. 实验材料

成熟油菜。

2. 实验工具

网袋、回形针、纸牌、铅笔、记录本、电子秤、尺子。

【方法与步骤】

①在油菜成熟期,收获每个品种随机选取5~10株具有品种典型性状、健壮、无病虫、生长状况相同的植株至室内,进行相关性状考察。

②测定油菜的株高、有效分枝数、有效分枝高、主花序有效长度、主花序有效角果数等性状指标。

株高(cm):测量从子叶节到全株最高部分的长度(植株主花序顶的长度)。

主花序有效长度(cm):测量主花序(植株主茎所在花序)顶端最上一个有效角果至主花序基部着生有效角果处的长度。

有效分枝高度(cm)：测量以子叶节到主茎最下面的第一个有效分枝的高度(在这个分枝上一定要有有效角果，即具有一粒以上饱满种子的角果)。

一次有效分枝数(个)：对主茎上着生的凡具有一个以上有效角果的分枝数计数，以个数表示。

二次有效分枝数(个)：对从一次分枝生出的凡具有一个以上有效角果的分枝数计数，以个数表示。

分支角度(°)：即一次分枝与主茎所呈的夹角，分支角度包括顶端分枝角(TBA)、中部分枝角(MBA)、基部分枝角度(BBA)。应在油菜成熟后，剪取连有油菜上部第一分枝（顶枝）、中部第四分枝（中枝）和基部第一分枝（基枝）的茎段，通过数字图像采集法获取顶端分枝角、中部分枝角以及基部分枝角的图像文件，将其导入 AutoCAD 软件，利用角度工具标注角度并记录 3 种角度值。田间考种一般使用量角器或电子量角器来测定。

主花序有效角果数(个)：对主花序(植株主茎所在花序)上凡具有一粒以上饱满种子的角果数计数。

全株有效角果数(个)：对整个植株凡具有一粒以上饱满种子的角果数进行计数(包括主花序与各分枝的有效角果数)。

角果长度(cm)：取主花序上、中、下部共 10 个角果，计量角果的平均长度(不包括果柄和喙突)。

角果宽度(cm)：每株随机取 10 个角果，并排测量角果最宽部位的总宽度，得到的数值除以 10 即得每株的角果宽度，取 10 株的平均值。

每角粒数(粒)：剥出上述取到的 10 个角果的种子，计数其总粒数，取平均值。

千粒重(g)：在晒干(含水量不高于 10%)的纯净种子内，用四分法或分样器等方法取样 3 份，计数 1000 粒分别称量，取 3 个样本平均值。通常利用万生软件测千粒重。

单株产量(g)：将考种植株的种子脱粒后晒干扬净，在精度为 1/100 或 1/1000 电子天平上称重。

小区单产(kg/hm^2)：以整个试验小区为测产对象，用电子天平称取实收种子的质量，测量小区的实际面积，计算单位面积内所收获的油菜种子质量。

③根据油菜单株产量计算油菜产量以及收获指数，结合上述性状来综合评估该品种。

【注意事项】

1. 注意减小测量人为误差，脱粒过程中尽可能减少籽粒损失。
2. 应选取主花序上、中、下部共 10 个角果(按 3、4、3 分布取样)，计量角果的平均长度(不包括果柄和喙突)。

【思考与作业】

1. 深入了解油菜考种的意义，在考种过程中对于误差较大的测定指标如何减小误差？怎样综合分析品种特性？
2. 每位同学对不同品种油菜，对同一品种油菜随机选取 5~10 株具有品种典型性状、健壮、无病虫害、生长状况相同的植株进行农艺性状考察，包括株型性状和产量性状(表 4-5)。按每小组 10 人进行品种间各性状综合比较分析(表 4-6),选出最优品种并进行产量计算(通过 SPSS、SAS 等统计软件综合分析比较)。

表 4-5 油菜考种记录表

编号	性状指标											
	株高 (cm)	主花序 有效 长度 (cm)	有效 分枝 高度 (cm)	一次 有效 分枝数 (个)	二次 有效 分枝数 (个)	顶端 分枝 角度 (°)	中部 分枝 角度 (°)	基部 分枝 角度 (°)	主花序 有效角 果数 (个)	全株 有效 角果数 (个)	每果 粒数 (粒)	千粒 重 (g)	单株 产量 (g)
1													
2													
3													
⋮													
平均													

表 4-6 油菜考种分析表

性状指标		学生 1	学生 2	…	平均
角果长度 (cm)	角果 1				
	角果 2				
	⋮				
角果宽度 (cm)	角果 1				
	角果 2				
	⋮				

实验 4-6 大豆产量测定与室内考种

【实验目的】

掌握大豆产量的测定方法,了解大豆产量形成的影响因素。

【内容与原理】

1. 大豆产量(理论产量和实际产量)**测定**

大豆产量由单位面积株数、单株荚数、每荚粒数及百粒重 4 个因素构成。每荚粒数和百粒重主要受遗传因素支配,因此产量主要由单位面积株数和单株荚数决定。株数受播种密度、出苗率及定苗密度的影响,是人为调控的重要手段;导致产量变化的因素主要是单株荚数;而单株荚数与单位面积株数又呈一定的负相关关系。单株荚数可分成单株节数与每节荚数两个因素,前者受品种特性(结荚习性、生育期长短和分支特性等)和营养条件的影响,后者受花荚分化数与脱落数的影响。

落花、落荚是大豆生长过程的正常现象,每株大豆可开花 100 朵以上,但脱落率高达

40%~70%，因此减少脱落数是提高单株荚数的关键。花荚脱落包括落蕾、落花和落荚3种方式，其中落蕾很少（3%以下），落花、落荚基本相当（各为20%~40%）。落花、落荚高峰主要发生在盛花期至结荚初期；有限结荚品种多在初花后20~25 d，无限结荚品种多在初花后30~35 d。花荚脱落顺序基本与开花次序一致；有限结荚品种在主茎上部几个节首先开始，然后向上、向下和向分枝扩展；无限结荚品种从主茎基部开始，然后向上、向分枝扩展。花荚脱落的部位：主茎脱落较少，分支脱落较多；内圈花脱落较少，外圈花脱落较多。花荚脱落比例：有限结荚品种上部茎节脱落最低，中部较高，下部最高；无限结荚品种正好相反。

2. 大豆室内考种

对大豆逐株测定其株高、分枝数、分枝起点、主茎节数、单株荚数、单荚粒数和百粒重。

【材料与工具】

1. 实验材料

成熟期的田间大豆。

2. 实验工具

卷尺、剪刀、尼龙网袋、烘箱、1/100电子天平等。

【方法与步骤】

1. 大豆理论产量

（1）计算单位面积株数

选取有代表性的样地2~5 m²，卷尺测量样地面积，计算样地内株数，换算成每公顷株数。或通过测定行距、株距计算公顷株数：3~5点，20行/点。计算方法如下：

$$NPPH = 10\ 000/(ADPR \times ADPP) \quad (4-25)$$

式中 $NPPH$——每公顷株数，株；

$ADPR$——平均行距，m；

$ADPP$——平均株距，m。

也可选取代表性的2垄样地，量取相当于10 m²的面积，查计每垄株数，加和后除以20即为每平方米株数。

（2）选取大豆植株

在实验小区对角线上选取相当于1 m长度的5个样点，查计每个样点的株数，收获所选样点的全部植株（注意地上部的完整性，避免炸荚等田间损失），装入尼龙网袋。将获取的植株风干后脱粒，去除虫食粒、病粒和秕粒，称量籽粒风干质量（可直接计算产量）。把籽粒混匀，用四分法分出3个100粒称重，计算百粒重。风干质量除以百粒重即为株粒数。理论产量的计算公式如下：

$$TY = NPPH \times PN \times HW/100 \quad (4-26)$$

式中 TY——理论产量，kg/hm²；

$NPPH$——每公顷株数，株；

PN——每株粒数，粒；
　　HW——百粒重，kg。

2. 大豆实际产量

采用收割机或人工的方式进行全区收获，现场记录收获的大豆籽粒质量，取 30 次百粒称重，测定籽粒含水量和含杂率。实际产量的计算公式如下：

$$Y = FGW \times (1-SC) \times (1-GMC)/86\% \tag{4-27}$$

式中　Y——实际产量，kg/hm^2；
　　FGW——鲜粒重，kg/hm^2；
　　SC——籽粒含杂率，%；
　　GMC——籽粒含水率，%。

3. 大豆室内考种

(1) 植株

每个小区按五点取样法取样，每点取 5~10 株大豆植株（注意地上部的完整性，避免炸荚等田间损失），组成混合样，装入尼龙网袋，带回室内。逐株考察并记录其株高（表 4-7）、分枝数、分枝起点、主茎节数、单株荚数、单荚粒数和百粒重。

株高 (cm)：从地上部基部（或是子叶）测量至主茎顶端生长点的高度。

分枝数 (个)：主茎上的有效分枝数目，凡结有有效荚的分枝均为有效分枝。

分枝起点 (cm)：从子叶节至第一个有效分枝着生处的长度。

主茎节数 (个)：自子叶节算起，至主茎顶端的实际节数，顶端花序不计。

单株荚数 (个)：一株上有效荚的数目，凡荚内有 1 粒以上种子的荚均为有效荚。

单荚粒数 (粒)：单株总粒数除以单株荚数。

百粒重 (g)：随机取晒干扬净的 100 粒种子称重（秕粒除外），重复 2~4 次。

表 4-7　大豆形态指标调查表

编号	株高（cm）	茎粗（cm）	分枝数（个）	主茎节数（个）	叶片数（片）	虫食率（%）	病粒率（%）
1							
2							
3							
⋮							
平均							

(2) 籽粒

所选植株性状考察结束后，将全部植株进行脱粒，并将籽粒混合，继续考察粒色、脐色、粒形、光泽、虫食率和病粒率。

粒色：分为白黄、黄、深黄、绿、褐、黑和双色。

脐色：分为白黄、黄、淡褐、褐、深褐、蓝和黑色。

粒形：分为圆、椭圆和扁圆。

光泽：分为有、微和无。

虫食率(%)：从未经粒选(百粒重)的种子中随机选取1000粒(单株考种时取100粒)，挑出虫食粒。

$$WEC = WES/TC \times 100\% \tag{4-28}$$

式中　WEC——虫食率，%；
　　　WES——虫食粒，粒；
　　　TC——总粒数，粒。

病粒率：从未经粒选(百粒重)的种子中随机选取1000粒(单株考种时取100粒)，挑出病粒。

$$ISC = IS/TC \times 100\% \tag{4-29}$$

式中　ISC——病粒率，%；
　　　IS——病粒数，粒；
　　　TC——总粒数，粒。

【注意事项】

在田间取样过程中，要尽量保证植株地上部的完整性，避免出现炸荚或部位脱落现象，影响考察结果的准确性。此外，田间取样位置和所选植株要具有统计学意义，以提高理论产量和植株性状描述的准确性和代表性。

【思考与作业】

1. 不同处理间籽粒产量的差异主要受哪些产量构成因素的影响？
2. 基于当下的管理措施并结合区域环境条件，分析当前生产措施是否存在改进之处，判断大豆籽粒产量能否进一步提高。
3. 考察记录不同处理下的大豆植株性状和产量构成因素。
4. 根据考察结果，计算大豆籽粒产量并形成报告。

实验4-7　棉花产量测定与室内考种

【实验目的】

1. 了解棉花产量性状的调查方法，掌握棉花产量测定的标准和方法。
2. 掌握棉花考种的基本方法和步骤。

【内容与原理】

棉花产量性状包括单位面积铃数、铃重和衣分。棉花吐絮时间很长，从最初一个棉铃吐絮至最后籽棉收摘完毕，可长达两个月。只有将吐絮的棉铃收完后，才能得到最后的籽棉产量和皮棉产量。

1. 棉花测产

棉花测产的方法分为理论测产和实收测产。

(1) 理论测产

棉花理论产量分为籽棉产量和皮棉产量。单位面积子棉产量是单位面积株数、单株铃数和单铃质量3个产量构成因素的乘积。单位面积皮棉产量是单位面积子棉产量和衣分的乘积。理论测产一般在棉株结铃基本完成，棉株下部1~2个棉铃开始吐絮时进行。黄河流域棉区一般在9月10日以后进行。过早测产，棉株的结铃数目尚难以确定；过晚测产，无法达到预测产量的目的。

（2）实收测产

因棉花成熟期不一致，在大面积实收测产中，需要先选择有代表性的田块，测量该田块的面积，或者选择一定面积，分次收获成熟的棉絮，称量累加计产。

2. 棉花考种

考种就是对棉花的产量及纤维品质进行室内分析。考种的项目和内容很多，下面仅介绍与产量性状有关的几项主要调查内容。

（1）单铃质量

一株棉花不同部位的铃质量不同，不同类型不同产量的棉田、棉株不同部位的棉铃所占比例也不同。因此，测定单铃籽棉质量应以全株单铃籽棉的平均质量来计算。单铃质量测定之前要充分晒干，含水量以不超过8%为宜。

（2）衣分

皮棉质量占籽棉质量的百分比即为衣分。衣分是棉花的重要产量性状。理论测产时可根据该品种常年平均衣分及当时的长势和天气条件等因素确定。实测方法为将采摘的籽棉混匀取样，称量后轧出皮棉再称量。

（3）衣指和籽指

100粒籽棉产生的皮棉绝对质量即为衣指（g）。100粒棉籽的质量为籽指（g）。衣指与籽指存在着显著的正相关，即铃大，种子大，衣指就高，反之就低。测定衣指和籽指的目的是避免因单纯追求高衣分而选留小而成熟度不好的种子。

【材料与工具】

1. 实验材料

大田或试验小区内，不同品种或不同生长类型的吐絮期棉株。

2. 实验工具

小型轧花机、皮尺、剪刀、天平、钢卷尺、计算器、纸袋等。

【方法与步骤】

1. 理论测产

（1）样方选择

测产前应先掌握大田生长状况。若整体差异较大，则应先按区域划分若干等级，再在每个等级的地块选择代表性样方进行测产，然后乘以该等级的面积，获得该等级产量。将所有等级棉田产量相加，得到全田产量。

（2）选点取样

每个等级地块的选点个数应根据田块面积、生长整齐度、测产精度来确定。取样常采用对角线法和梅花形法。一般每块地选3~5个点。边行、地头、生长强弱不均、过稀过密的地段均不宜选作取样点。

（3）调查产量构成因素

①每公顷株数。首先进行行距测定，每点数 11 行（10 个行距），量其宽度总和，再除以 10 即得行距。然后进行株距测定，每点在一行内取 21 株（20 个株距），量其总长度，再除以 20 即得株距。最后计算每公顷株数，计算公式为：

$$NPPH = 10\,000/(RD/PD) \tag{4-30}$$

式中　$NPPH$——每公顷株数，株；
　　　RD——平均行距，m；
　　　PD——平均株距，m。

②单株铃数。每个样点随机选 3 行，每行连续选 10 株，共计 30 株。分别调查吐絮铃数、成铃数和幼铃数。烂铃通常不计在内，在计算单株生产力及三桃比率时可供参考。计算公式为：

$$TB = BB + B + YB \times 1/3 \tag{4-31}$$

式中　TB——总成铃数，个；
　　　BB——吐絮铃数，个；
　　　B——成铃数，个；
　　　YB——幼铃数，个。

③单铃质量。每点取 5~10 株棉花，记载其总铃数，分期采摘后称总质量，求出平均单铃质量。计算公式为：

$$AY = Y/TB \tag{4-32}$$

式中　AY——平均单铃籽棉质量，g；
　　　Y——籽棉总质量，g；
　　　TB——总成铃数，个。

④衣分。将采摘的籽棉混匀取样，一般每样取 500 g 籽棉（至少取 200 g），称量后轧出皮棉。衣分测定一般需取样 2~3 个，求其平均数。计算公式为：

$$GO = LQ/Y \times 100\% \tag{4-33}$$

式中　GO——衣分，%；
　　　LQ——皮棉质量，g；
　　　Y——籽棉质量，g。

（4）计算理论产量

按照下列公式计算理论产量。

$$Y = NPPH \times NBPP \times ABW \times 0.85/1000 \tag{4-34}$$
$$LQ = Y \times GO \tag{4-35}$$

式中　Y——籽棉产量，kg/hm^2；
　　$NPPH$——每公顷株数，株；
　　$NBPP$——单株铃数，个；
　　ABW——平均单铃质量，g；
　　LQ——皮棉产量，kg/hm^2；

GO——衣分，%。

全班分成若干小组，每组 8~10 人。每组测 1 个类型的田块。按照上述说明进行选点、量株行距、计数单株铃数，单铃质量和衣分可根据条件来做。

2. 实收测产

①测量面积。选择代表性样方，测量田块面积。
②分期摘花。一般分 3 次集中采摘。
③晾晒称量。采摘之后的棉花及时晾晒，籽棉含水率下降至 12% 以下时可以称量。收获完毕，将各次收获的产量累加得到样方实收产量。

3. 棉花考种

棉花考种项目除单铃质量和衣分外，主要还有衣指和籽指测定。

用小型轧花机轧取 100 粒籽棉上的纤维，称其质量，即为衣指；相应的棉籽质量即为籽指。以克(g)为单位，测定 2~3 次，取其平均值。

【注意事项】

调查铃数时幼铃的折算标准为 3 个幼铃记为 1 个铃数。

【思考与作业】

1. 棉田测产中，影响测产准确性的因素有哪些？怎样减小误差？
2. 根据测产和考种结果填写表 4-8，并对原始数据进行统计分析。

表 4-8　棉花测产和考种记录表

日期：　　　　　　　　　　　　　　　　　　　　　　　　　　　测定人：

样点	行距(m)	株距(m)	密度(株/hm²)	株号	单株铃数(个)				单铃质量(g)	衣分(%)	籽棉产量(kg/hm²)	皮棉产量(kg/hm²)	衣指(g)	籽指(g)
					吐絮铃	成铃	幼铃	合计						
				1										
				2										
				3										
				⋮										

3. 根据测产和考种结果，说明棉花高产田与一般田在产量构成因素上的差异；分析提高作物产量，应主要抓住的因素及采取栽培管理措施。
4. 根据测产和考种结果，结合栽培管理过程、土壤气候条件，评价测产田块的栽培技术。

实验 4-8　高粱产量测定与室内考种

【实验目的】

学习和掌握高粱产量测定及室内考种的方法。

【内容与原理】

1. 测定高粱理论产量和实际产量

理论产量等于每公顷穗数、每穗粒数、千粒重及测产系数三者的乘积。田间实际产量等于籽粒含水量为 14% 时单位面积收获的全部籽粒产量。

2. 室内考种各测定指标

考种就是对高粱的产量及穗部性状进行室内分析，主要涉及穗重、穗粒重、穗粒数、千粒重等产量指标，以及穗长、穗型、穗形、壳色、粒色、粒形、着壳率等穗部形态指标。

【材料与工具】

1. 实验材料

成熟高粱。

2. 实验工具

皮尺、游标卡尺、细绳、吊牌、尼龙网袋、电子天平、谷物水分测定仪等。

【方法与步骤】

1. 高粱产量测定

(1) 理论测产

①取样。选点是决定测产准确性的关键环节，要在掌握整个实验区植株生育状况的基础上选择有代表性的地方作为调查点。在植株生长整齐、均匀、田块面积小的情况下，可少选调查点，反之，应适当多选。普遍采用对角线和棋盘式选点取样法。

根据地块的自然分布，将测产田划分为若干个自然片，每片随机选取 3 个地块，每个地块随机取 3 个理论测产样点。每个样点量取 10 个行距计算平均行距。每个样点的面积不小于 5 m²，测算每公顷株数，每个样点连续取样 2 m，测算株距及平均每穗粒数。

②理论产量计算。经过选点取样，通过测定产量构成因素来计算理论产量。

$$Y = NPPH \times PN \times SW \times 0.85/1000 \tag{4-36}$$

式中 Y——理论产量，kg/hm²；

$NPPH$——公顷穗数，穗；

PN——每穗粒数，粒；

SW——千粒重，g。

(2) 实收测产

①实收测产取样。根据地块的自然分布将测产田划分为若干个自然片，每片选取 3 个地块，每个地块选取远离边行的样点，样点面积不小于 67 m²。

②田间实收。每个样点内收获全部果穗，准确测量实收面积 S，计数果穗数量后，称取鲜穗重 W_1，果穗脱粒后称重得到籽粒鲜重 W_2。

$$L = W_1/W_2 \tag{4-37}$$

$$Y = (1000/S) \times W_1 \times L \times (1-M)/(1-14\%) \tag{4-38}$$

式中　L——出籽率，%；
　　　W_1——鲜穗重，g；
　　　W_2——籽粒鲜重，g；
　　　Y——实收产量，kg/hm²；
　　　S——实收面积，m²；
　　　M——籽粒含水量，%；

2. 室内考种

穗长(cm)：穗颈节到穗顶的长度(图4-1)。

穗型：分紧、中紧、中散、散(周散型)及散(侧散型)。

穗形：纺锤形、棒形、球形、伞形及吊形(图4-2)。

壳色：分黄、红、紫、黑等色。

粒色：分白、黄、红等色。

粒形：圆形、椭圆形、长圆形等。

着壳率(%)：脱粒后随机取1000个籽粒，统计带壳的籽粒数，求出带壳籽粒数占总籽粒数的百分比。

穗重(g)：从穗颈节处剪下的高粱穗的质量。

穗粒重(g)：脱粒后每穗籽粒质量。

穗粒数(g)：每穗的籽粒数量。

千粒重(g)：风干籽粒随机取样1000粒的重量，以两次重量相差不大于其平均值的3%为准。如大于3%，则需另取1000粒称重，以相近的两次重量的平均值为准。

图4-1　高粱穗长度测量标准

1. 纺锤形(紧穗型)；2. 纺锤形(散穗型)；3、4. 近球形；5、6. 吊形(侧散穗型)；7. 棒形；8~12. 伞形。

图4-2　高粱穗形和穗型示意

【注意事项】

注意高粱完全成熟的特征,适时收获测产。

【思考与作业】

1. 考察并记录高粱穗部性状指标及经济产量构成因素。
2. 根据考察结果,计算高粱产量。

实验4-9 烟草产量测定与室内考种

【实验目的】

1. 掌握烟草产量测定的标准和方法。
2. 熟悉烟草鲜叶经济性状的测定方法。
3. 练习烤烟干叶"级指"和"产指"的计算方法。

【内容与原理】

1. 烟草产量测定

烟草是一种以叶用为主的经济作物,其经济价值依烟叶的产量和品质不同而异。烟草单位面积产量取决于面积内的有效株数和单株有效生产力,而单株有效生产力又取决于单株叶数、叶片大小及单位叶面积质量,叶面积质量又取决于叶片的厚薄、致密程度和干物质含量。

(1) 单位面积株数

在一定范围内,增加单位面积株数产量也会相应增加。但当超过一定限度后,继续增加株数,增产效应就会逐渐降低。这是因为株数超过一定限度,种内竞争作用将导致单叶重下降,烟叶内含物减少,烟叶品质降低。

(2) 单株叶数

在一定范围内,增加单株有效叶数,烟叶的产量也将大幅提高。但超过一定叶数范围,产量将会降低。原因是单株叶数超过一定范围后,烟田群体结构发生变化,单叶重会随单株有效叶数增加而逐渐下降,同时造成叶小、叶薄和内含物质不充实,使烟叶品质降低。

(3) 单叶重

研究表明,将单株有效叶数控制在18~22片,栽培密度设计在1.8万株/hm²,烟田植株可有充分利用光照、温度、降水条件,提高营养水平,增加产量,是获得烟草优质丰产的重要途径。

2. 烟草质量测定

烟叶质量是一个具有时间性、相对性和区域性的术语。烟叶质量主要包括外观质量和内在质量两个方面,前者指烟叶的商品等级质量,包括烟叶的成熟度、成分、结构、部位、颜色、油性、弹性、叶片大小及形状、杂色和破损等因素;内在质量指烟叶化学成分的含量和协调性,烟叶燃吸时的香气、吃味、劲头、刺激性等烟气质量特征和安全性。

(1) 外观品质

外观品质指人们的感官直接能感触和识别的烟叶外观特征，是划分烟叶商品等级的主要依据。一般认为烤烟的腰叶和上二棚叶质量最好，香料烟以顶叶质量最好，白肋烟以下二棚叶和腰叶质量最好。

(2) 内在质量

内在质量指纸烟支或烟丝通过燃烧所产生的烟气特征。鉴定烟叶内在质量，通常采用评吸的方法，主要指标包括香气、生理强度、刺激性、杂气、燃烧性。

(3) 物理特性

烟草的物理特性主要指叶片的燃烧性、弹性、厚度、叶质量、单叶重、平衡含水量、填充值和含梗率等，是与卷烟加工有关的一些因素。

(4) 化学成分

目前，已从烟草中鉴定出5298种化学物质。一般认为，优质烤烟常规化学成分含量的适宜范围为：水溶性总糖18%~23%，还原糖16%~18%，还原糖与总糖的比值≥0.9；总氮1.5%~3.5%，蛋白质8%~10%，烟碱1.5%~3.5%；钾2%以上，氯离子1%以下，淀粉2%~4%。

(5) 安全性

烟叶安全性是一种评价吸烟与健康的指标，主要包括两个方面内容：一是烟叶烟气中特有的有害物质，如焦油、烟碱、亚硝胺等；二是农药残留和霉菌污染问题。

(6) 可用性

烟叶可用性是卷烟企业对产区烟叶在其卷烟配方中是否好使用的一种直接反映和评价。

3. 烟草鲜叶经济性状测定

测定烟草鲜叶经济性状，通常在开花初期(或打顶后)取中部叶片进行。

4. 计算烟草品级指数和产量指数

(1) 品级指数

品级指数简称级指，是评价烟叶品质的指标，是将各级烟叶按价格换算成同一单位的商品价格指数。级指越高，表示烟叶品质越好。

(2) 产量指数

产量指数简称产指，是衡量烟草单位面积经济效益的指标，产指越高表示总收益越大。

【材料与工具】

1. 实验材料

5~8株当地主推烟草品种的鲜叶。

2. 实验工具

钢卷尺、求积仪、叶面积测定仪、卡尺(或螺旋测微尺)等。

【方法与步骤】

1. 烟草产量

选取有代表性的烟草 5 株，分别测定和记录单叶干重、单株采烤叶片数、代表性五秆鲜叶数量、五秆鲜叶重和干叶重、鲜干比（表 4-9）。

表 4-9 测产烟田各点采摘数据记录

编号	单叶干重（g）	单株采烤叶片数（片）	代表性五秆鲜叶数量（片）	五秆鲜叶重（kg）	五秆干叶重（kg）	鲜干比
1						
2						
3						
⋮						
平均						
合计						

2. 鲜叶经济性状测定

选取中部叶 10 片，进行鲜叶经济性状测定，并将测定结果填入表 4-10。

①叶片大小。测定叶片大小有 3 种方法：长×宽；长×宽×0.65（折算指数因品种而异）；用求积仪或称重法（即先用一已测知的叶面积称出干重，再与全部待测叶干重相比进行推算）。

表 4-10 烟草鲜叶经济性状测定结果

叶片号	品种	叶片大小（长×宽，cm）	单叶面积（cm²）	叶厚（cm²）	单叶重（g）	主脉粗细	叶色	叶肉组织	备注
1									
2									
3									
⋮									

②叶重。用单叶重或百叶重表示，或用单位面积的质量表示。

$$LQ = L/LA \tag{4-39}$$

式中 LQ——叶重，g/cm^2；

L——单叶重，g；

LA——单叶面积，cm^2。

③叶厚。将大小相似的叶片重叠，用卡尺或螺旋测微尺分别在主脉附近的基部、中部、顶部分别测量叶片厚度，取平均值作为叶厚。

④主脉粗细。一般分粗、中、细 3 级，以粗细适中为好。

⑤主脉占叶片质量比。即（主脉重/叶片重）×100%。

⑥叶色。鲜叶叶色分为深绿、浅绿、绿和黄绿 4 级，以浅绿和绿为生长正常。

3. 计算烟草级指和产指

①分别记录各等级烟叶产量。
②计算产量百分率。

$$PTY = TY/EY \times 100\% \qquad (4-40)$$

式中　PTY——某级烟叶产量百分率，%；
　　　TY——某级烟叶产量，kg/hm^2；
　　　EY——试验小区产量，kg/hm^2。

③计算品级指数。

$$RI = TP/FTP \qquad (4-41)$$

式中　RI——品级指数；
　　　TP——100 kg 某级烟叶的价格；
　　　FTP——100 kg 一级烟叶的价格。

④计算产量指数。

$$YI = RI \times Y \qquad (4-42)$$

式中　YI——产量指数；
　　　RI——品级指数；
　　　Y——产量，kg/hm^2。

【注意事项】

选取田间的烟草植株要具有品种代表性，对烟叶经济性状进行测定时要注意对新鲜叶片的保护，确保观察测定数据的准确性。

【思考与作业】

1. 不同品种烟草间产量的差异主要受产量构成因素中的哪一项影响？
2. 根据烟草产量的构成因素，思考在当下区域环境，采取哪些措施可有效提高烟草产量？
3. 考察并记录烟草植株叶片经济性状和经济产量构成因素。
4. 根据考察结果，计算烟草产量并形成报告。

实验 4-10　亚麻产量测定与室内考种

【实验目的】

1. 熟悉 3 种亚麻类型的主要经济性状。
2. 掌握 3 种亚麻类型的主要经济性状的观测方法。

【内容与原理】

1. 亚麻收获及测产

（1）油用亚麻和油纤兼用亚麻收获及测产

当全田亚麻下部叶片脱落，茎秆和 75% 的蒴果变黄、种子变硬时（黄熟期），即可采用人工或收割机械收获。收获后为了利用其纤维，可采用脱粒机或平铺地上打梢脱粒。脱粒后的茎秆在秋分前浸入水中沤制 7 d 左右，起出晒干后用亚麻机或石磙碾压，即可抖出纤维，每 100 kg 茎秆剥麻 10~20 kg，清选后测定籽粒产量。

（2）纤维用亚麻收获及测产

当全田 1/3 的亚麻蒴果变为褐色、1/3 的茎秆变成浅黄色、茎下部有 1/3 的叶片脱落时，是纤维用亚麻的工艺成熟期，即可收获。采用人工或机械收获方法，收获的亚麻茎秆要捆成拳头粗的小麻把，在麻茎根部上端 6~7 cm 处捆扎。田间可采用平铺晾晒、扇形晾晒、小圆垛晾晒等方法，场内采用南北大垛或圆垛保管。采用人工或机械脱粒。采用温水沤麻或雨露沤麻，制成干茎，再经过碎茎、打麻、梳麻制成纤维，测定纤维产量。

2. 亚麻考种

考种指标是反应亚麻经济性状的主要特征指标。油用亚麻（胡麻）考种指标包括成株数、株高、茎粗、单株分茎数、单株分枝数、单株有效蒴果数、单株无效蒴果数、每果粒数、千粒重等。纤维用亚麻考种指标包括单位面积成株数、株高、茎粗、单株分茎数、单株分枝数、单株茎重、单株麻重等。

【材料与工具】

1. 实验材料

3 种亚麻类型的成熟植株或标本。

2. 实验工具

铅笔、记录本、钢卷尺、游标卡尺、1/1000 电子天平。

【方法与步骤】

1. 油用亚麻（胡麻）主要经济性状考查及产量测定

①株数（株）。5 点取样调查，取平均值。

②株高（cm）。从地面到最高蒴果顶部的高度，随机测量 10 株，取其平均值作为油用亚麻株高。

③工艺长度（cm）。从分茎到最下分枝之间的长度，随机测量 10 株，取其平均值作为油用亚麻工艺长度。

④单株分茎数（个）。即基部分枝数，随机测量 10 株，取其平均值作为油用亚麻单株分茎数。

⑤单株有效分枝数（个）。即中上部分枝数，随机测量 10 株，取其平均值作为油用亚麻单株有效分枝数。

⑥单株有效蒴果数（个）。即有饱满籽粒的蒴果，随机测量 10 株，取其平均值作为油用亚麻单株有效蒴果数。

⑦每蒴果粒数（粒）。随机采集蒴果 10 粒，数出每果籽粒数，取其平均值作为油用亚麻每蒴果粒数。

⑧千粒重（g）。采集植株样品 20 株，数出 1000 粒种子，测定其质量，连续数两次并测定，取其平均值作为油用亚麻千粒重。

⑨理论产量(kg/hm^2)。即每公顷株数×每株角果数×每角果粒数×千粒重×10^{-6}。

2. 纤维用亚麻主要经济性状考查及产量测定

①株高(cm)。自地面到植株最高部分的长度,随机测量10株,取其平均值作为纤维用亚麻株高。

②茎粗(mm)。用游标卡尺测定茎基部,随机测量10株,取其平均值作为物纤维用亚麻茎粗。

③工艺长度(cm)。即子叶痕到第一分枝间的长度,随机测量10株,取其平均值作为油用亚麻单株分茎数。

④分茎数(个)。即基部分枝数,随机测量10株,取其平均值作为油用亚麻单株分茎数。

⑤分枝数(个)。即中上部分枝数,随机测量10株,取其平均值作为油用亚麻单株有效分枝数。

⑥百株原茎重(g)。即原茎重(脱粒后植株重)。随机选取脱粒后亚麻100株称重,连续称两次,取其平均值换算为百株原茎重。

⑦百株干茎重(g)。指原茎沤麻后的干茎重。随机选取沤麻后的亚麻100株称重,连续称两次,取其平均值换算为百株干茎重。

⑧百株麻干重(g)。百株亚麻干茎打麻后所得的总纤维重。

⑨干茎制成率(%)。即干茎重(g)/原茎重(g)×100%。

⑩出麻率(%)。即麻干重(g)/干茎重(g)×100%。

【注意事项】

纤维用亚麻的纤维产量与原茎产量和出麻率呈正相关关系,但原茎产量与出麻率呈负相关关系。

【思考与作业】

1. 根据3种亚麻类型的经济性状,结合各亚麻类型收获器官的市场价格,谈谈不同亚麻类型的经济效益。

2. 分别测定3种亚麻类型的主要经济性状并列表说明。

3. 比较3种亚麻类型植株在经济性状上的差异。

第 5 章

作物产品品质分析

实验 5-1 小麦籽粒品质分析

【实验目的】

1. 掌握小麦面筋含量和面筋品质的测定方法。
2. 了解小麦品质分析的意义。

【内容与原理】

1. 小麦面筋含量和品质测定

面筋主要由谷蛋白和醇溶蛋白组成,其吸水力强,吸水后发生膨胀,分子互相连接形成网络状整体。因此面筋含量测定一般采用面团揉洗法获得面筋,然后测定其含量和品质。

2. 面粉沉淀值测定

沉淀值或沉降指数,是指沉淀试验中一定量的面粉在弱有机酸溶液中的沉降体积,原理是在一定的条件下,用乳酸处理面粉悬浮液,面粉中面筋蛋白颗粒发生膨胀,使悬浮面粉的沉降速率受到影响。

【材料与工具】

1. 实验材料

不同小麦品种的种子各 300 g,磨粉后过筛备用或直接利用不同等级面粉备用。

2. 实验工具

天平、金属筛、玻璃棒、搪瓷杯、移液管、铝盒、烘箱、米尺、表面皿、玻璃板、纱布、试验用磨粉机、平底量筒、秒表、振荡器等。

3. 实验药剂

碘-碘化钾溶液、99%~100%异丙醇、溴酚蓝溶液、乳酸原液、沉淀试验试剂等。

【方法与步骤】

1. 面粉中湿面筋含量的测定

(1) 合成面团

每个小麦品种的面粉样品经充分混合后称取 10 g,放入洁净的搪瓷杯中,用移液管加入 5 mL 清水，揉成面团，静置 20 min，使水分均匀渗透。

(2) 洗出面筋

在搪瓷杯内加入 15~20℃ 适量清水或 2% 食盐水，然后在水中揉捏面团，洗去淀粉、麸皮和水溶性物质，中间需更换清水 3~4 次，换水时要用金属筛过滤，并将留存在筛上的面筋碎屑收集并入面团内。洗至面筋在清水中不出现混浊为止。为准确起见，可用碘-碘化钾溶液进行测试：将洗涤水或面筋中挤出的水，滴入表面皿中，滴入 1~2 滴碘液，无蓝色反应时即为洗涤完成。

(3) 湿面筋

将面筋团中水分挤出，直至面筋团开始稍感黏糊为止，此时的面筋称为湿面筋。将湿面筋捏成球形，放置于已知质量的铝盒盖上称重。湿面筋含量校正为含水量为 14% 的试样质量的百分率。

$$WGC = WGW \times W \times 100 \tag{5-1}$$

$$WGC_1 = WGW \times (100-14)/(100-WC) \times 100 \tag{5-2}$$

式中 WGC——湿面筋含量，%；

WGC_1——校正的湿面筋含量，%；

WGW——湿面筋质量，g；

W——试样重，g；

WC——试样的含水量，%。

2. 面筋品质的测定

(1) 面筋色泽的鉴定

面筋的色泽与面筋的质量、灰分的数量有关。一般有白、黄等颜色。色泽洁白的面筋质量较好，随着颜色的加深质量变劣。面筋色泽一般用目测法进行鉴定，通常在湿面筋称重的同时进行。

(2) 面筋弹性的鉴定

将洗好的面筋搓成球形，用手指轻轻按压成凹穴状，手指放开后能迅速恢复者，弹性强，不能恢复原状者，弹性弱，将其搓成球形后静置一段时间变成扁平状态的弹性最差。一般分为强、中、弱 3 级，还可根据恢复原状的快慢再进行分级。

(3) 面筋延伸性(拉力)的测定

称取洗出的湿面筋 4 g，先在 15~20℃ 清水中静置 15 min，取出后搓成 5 cm 的长条，用双手的拇、食、中三指捏住两端，10 s 内均匀用力将面团向相反方向拉长，拉至断裂为止，记载面筋断裂时的长度。面筋断裂时的长度即为拉力长度。拉力长度分为 3 级：长度在 15 cm 以上为延伸性强；在 8~15 cm 为延伸性中等；在 8 cm 以下为延伸性弱。

3. 干面筋含量和面筋吸水率的测定

(1) 干面筋含量的测定

先将已知烘干至恒重的玻璃板(10 cm×15 cm)烘热，然后将已称重的湿面筋在热玻璃板上摊成薄层，送入 50℃ 烘箱中烘 1 h 后，用 105℃ 温度烘至恒重，冷却后称重，计算干面筋含量，并校正为含水量为 14% 的试样质量的百分率。两试样的干面筋含量的误差不能超过 2%。

$$DGC = DGW \times W \times 100 \tag{5-3}$$
$$DGC_1 = DGW \times (100-14)/(100-WC) \times 100 \tag{5-4}$$

式中　DGC——干面筋含量，%；
　　　DGC_1——校正的干面筋含量，%；
　　　DGW——干面筋质量，g；
　　　W——试样重，g；
　　　WC——试样的含水量，%。

（2）面筋吸水率计算

$$WAG = (WGC - DGC)/DGC \times 100 \tag{5-5}$$

式中　WAG——面筋吸水率，%；
　　　WGC——湿面筋含量，%；
　　　DGC——干面筋含量，g。

4. 面粉沉淀值的测定

（1）试剂配制

①溴酚蓝溶液。将4 mg 溴酚蓝溶于1000 mL 水中。

②乳酸原液。取250 mL 85%的浓乳酸，用蒸馏水稀释至1 L，然后在回流条件下沸煮6 h。以KOH 溶液标定，所得溶液浓度应在2.7~2.8 mol/L。

③沉淀试验试剂。将180 mL 乳酸原液与200 mL 异丙醇彻底混合，加水至1000 mL，摇匀，静置48 h。

（2）样品制备

磨粉，再经孔径为150 μm 的筛子筛分90 s，筛下物作为面粉试样。

（3）沉淀值测定

①称样。称取面粉试样3.2 g，放入带塞的100 mL 刻度量筒中。

②悬浮面粉。在试样中加入50 mL 溴酚蓝溶液，用力振荡5 s，使面粉与试剂彻底混合，并使面粉完全悬浮起来。

③振荡。将量筒放入振荡器中振荡5 min 取出，快速加入25 mL 沉降试验试剂，将量筒再次放入振荡器中继续振荡，时间总计10 min 后，将量筒取出并使其在试验台上竖直放置，马上计时。

④沉淀读数。精确停放5 min 后，立即读取量筒中沉降物的体积，即为沉淀值，以毫升(mL)为单位。

根据沉淀值可将小麦品种分成>50、49~35、34~20 和<20 mL 四类。

【注意事项】

1. 面筋品质的优劣以色泽和弹性为主要依据，拉力的大小只作参考。
2. 测定干面筋含量时，在冷凉的玻璃板上摊成薄层时面筋容易复原。

【思考与作业】

1. 如何利用所测定的指标对小麦面粉品质进行评价？
2. 测定不同小麦品种的面筋含量和面筋品质，评述各品种的品质。

3. 测定各供试品种的沉淀值,并结合面筋测定结果评价各品种的品质。

实验 5-2　稻米品质分析

【实验目的】

1. 掌握稻米主要品质的分析方法。
2. 熟悉稻米品质级别的评定方法。

【内容与原理】

稻米品质是一个综合性概念,在不同的国家和地区,人们对稻米品质的偏好和要求不尽相同,因此,评价稻米品质的指标体系也不尽相同。在我国,稻米品质的指标评定体系主要包括碾磨品质、外观品质、蒸煮品质和营养品质。

1. 稻米碾磨品质的测定

稻米碾磨品质主要包括出糙率(又称糙米率)、精米率和整精米率。

出糙率:指干净的稻谷经出糙机脱去谷壳后的糙米质量占稻谷试样质量的百分比。

精米率:指由糙米经精米机碾磨加工后除去糠层(包括果皮和糊粉层)和种胚后,再经孔径 1.0 mm 的圆孔筛筛去米糠所得的精米质量占稻谷试样质量的百分比。

整精米率:指精米试样中完整的整粒精米质量占试样质量的百分比。

2. 稻米外观品质的测定

稻米外观品质是指米粒的形状、大小、透明度和垩白(又称心白、腹白)大小等,是稻米的重要商品特性。

3. 稻米蒸煮品质的测定

稻米蒸煮品质包括稻米的糊化温度、胶稠度、胀饭性和香味等。这些品质特性与稻米的直链淀粉含量有密切关系。

【材料与工具】

1. 实验材料

不同品质及粒型的籼谷和粳谷样品各 4~5 个(样品应在室内贮存 3 个月以上,含水率为 13%±1%)。

2. 实验工具

稻谷出糙机、砻谷机、谷物轮廓投影仪、黑布、直尺、1/100 电子天平、镊子、放大镜、搪瓷盘、圆孔筛(孔径 1.0 mm 和 2.0 mm)。

3. 实验药剂

NaOH、KOH(分析纯)。

【方法与步骤】

1. 稻米碾磨品质的测定

(1) 出糙率的测定

① 称取样品。从去除泥沙等杂质的稻谷样品中称取试样 2 份,每份 100 g。

②脱壳出糙。清理调试好出糙机,开启电源,待出糙机正常运转后,将稻谷试样缓缓地倒入进料斗,脱壳,结束后关闭机器。抽出糙米斗检查,去除颖壳。如有少量谷粒需再次脱壳或用手剥去谷壳,使之全为糙米。如有较多稻谷未脱壳,可将橡皮辊的间距调小些,重新进行脱壳。

③糙米称重。精确到 0.1 g。

④结果计算:

$$BRP = BRM/M \times 100\% \tag{5-6}$$

式中 BRP——糙米率,%;

BRM——糙米质量,g;

M——稻谷试样质量,g。

求出两份试样结果平均值,保留一位小数。两份试样测定结果允许差值不超过 1%。

(2) 精米率的测定

①称取试样。从上述已脱壳的新鲜糙米中称取试样 2 份,每份 30 g(精确到 0.01 g)。

②精米碾磨。调试好砻谷机,正常运转后,将糙米装入斗内使糙米落入精碾室。使砻谷机稍转动,使糙米全部漏到下方,缓慢放下重锤进行加压碾磨 5~10 min(使精米达到国家标准一等大米精度),然后将开关旋钮转到开位置,使精米沿导管流入盛料斗,最后关闭机器。

③精米过筛、称重。取出精米,用 1.0 mm 圆孔筛筛去糠层。轻压成团的米糠使之筛净,称取精米质量(精确到 0.01 g)。

④结果计算:

$$MRP = MRM/M \times 100\% \tag{5-7}$$

式中 MRP——精米率,%;

MRM——精米质量,0.1 g;

M——稻谷试样质量,g。

两次测定结果允许误差不超过 1%,取平均值作为测定结果(保留一位小数)。

(3) 整精米率的测定

①筛选法。将上述实验中得到的精米样品放在孔径 2 mm 的圆孔筛内,下面接筛底,盖上筛盖,启动电源,筛动 1 min。从保留在筛面上的整粒精米和大粒碎米中分拣出整粒精米,称重(精确到 0.01 g)。

②手选法。称取精米试样 10 g,放在干净的搪瓷盘中用手分拣出整粒精米,称重。

③整精米率计算:

$$HRR = HMRP/M \times 100\% \tag{5-8}$$

式中 HRR——整精米率,%;

$HMRP$——整粒精米质量,g;

M——稻谷试样质量,g。

也可用公式:

$$HRR = HMRP/MM \tag{5-9}$$

式中 HRR——整精米率,%;

$HMRP$——整粒精米质量，g；

MM——混合精米质量，g。

二次测定结果允许误差不超过2%，取其平均值作为测定结果(保留一位小数)。

2. 稻米外观品质的测定

(1) 米粒形状和大小的测定

①米粒长度和长宽比的测定。从试样中随机抽取完整精米试样2份，每份10粒，在谷物轮廓投影仪上分别量出每粒的长度和宽度(精确到0.1 mm)，求出平均长度和宽度，计算长宽比。也可将10粒完整精米按长度排成一直线，量出总长度；再将该10粒精米按宽度排列，量出其总宽度。求出单粒试样的平均长度和宽度，计算长宽比。

$$LWR = L/W \quad (5-10)$$

式中 LWR——长宽比；

L——米粒平均长度，mm；

W——米粒平均宽度，mm。

重复测定一次，求得两次长宽比的平均值，两次测定结果允许差值不超过1%。

②米粒大小的测定。米粒大小是以100粒完整糙米的质量表示。从糙米样品中数取试样2份，每份100粒，在天平上称出质量，精确到0.1 g。计算平均质量。

(2) 稻米垩白的测定

①垩白粒率的测定。垩白粒率即垩白米粒占试样总粒数的百分率。测定方法：从试样糙米中随机数取完整米粒2份，每份100粒，逐粒目测进行垩白鉴定，将有、无垩白粒分开，计算垩白粒率。

$$CIR = NCRG/TNGR \times 100\% \quad (5-11)$$

式中 CIR——垩白粒率，%；

$NCRG$——垩白米粒数，粒；

$TNGR$——试样总粒数，粒。

二次测定结果允许误差不超过5%，求其平均数作为测定结果(保留一位小数)。

②垩白大小测定。从分选出来的垩白米粒中随机抽取100粒，逐粒目测估计米粒中显著清晰可辨垩白的面积占米粒投影面积的百分比。按表5-1的分级标准分级，并计算垩白大小。

表5-1 稻米垩白大小分级标准(IRRI)

级别	垩白面积占比(%)	级别	垩白面积占比(%)
0	0	2	中等，垩白面积10~20
1	小，垩白面积占比<10	3	大，垩白面积占比>20

$$CS = ECA/NGR \quad (5-12)$$

式中 CS——垩白大小；

ECA——各粒垩白面积；

NGR——供试米粒数。

两次测定结果允许误差不大于10%，求平均值。

根据垩白大小计算垩白度：

$$CN = CRR \times CS \tag{5-13}$$

式中　CN——垩白度，%；

　　　CRR——垩白粒率，%；

　　　CS——垩白大小，%。

3. 稻米蒸煮品质的测定

(1) 稻米糊化温度测定（碱消值法）

取大小均匀一致的完整精米 6 粒，放在小培养皿中，滴入 1.7% KOH 溶液 2 mL，在 30℃ 恒温培养箱中浸渍 23 h，观察米粒崩解情况，根据表 5-2 鉴定试样的糊化温度。

表 5-2　稻米糊化温度（碱消值）分级标准

等级	散裂度	清晰度
1	米粒无影响	米粒似垩白状
2	米粒膨胀，不开裂	米粒垩白状，有不明显粉状环
3	米粒膨胀，不少有开裂，环完整或狭窄	米粒垩白状，有明显粉状环
4	米粒膨胀，开裂，环完整并宽大，可见米粒形状	中心棉絮状，环云状
5	米粒开裂或分裂，环完整并宽大	中心棉絮状，环渐消失
6	米粒分解与环结合	中心云状，环消失
7	米粒完全消散混合	中心环消失

分类说明：1~3 级糊化温度高，75℃ 以上；4~5 级糊化温度中等，70~74℃；6~7 级糊化温度低，69℃ 以下。

(2) 稻米胶稠度测定

① 配置 0.2mol/L KOH，0.025% 麝香草酚蓝 95% 乙醇溶液。

② 碾磨样品。将试样用（水分 12%）高速样品粉碎机碾磨成细粉，过 100 目筛。

③ 称取试样 2 份，每份 100 mg。分别用麝香草酚蓝酒精溶液和 0.2 mol/L KOH 溶液处理。

④ 沸水浴中处理 8 min，取出室温下冷却 5~10 min，再置于冰水浴或冰箱中冷却 20 min。

⑤ 取出放在水平的坐标纸上静置 1 h，测量米胶流动的距离。

【注意事项】

1. 稻米碾磨品质分级标准（表 5-3）。
2. 稻米外观品质分级及其标准（表 5-4 至表 5-6）

表 5-3　优质食用稻米碾米品质标准　　　　　　　　　　　　　　%

等级	糙米率		精米率		整精米率	
	籼稻、籼糯	粳稻、粳糯	籼稻、籼糯	粳稻、粳糯	籼稻、籼糯	粳稻、粳糯
1	>81	>83	>72	>74	>59	>60
2	>79	>81	>70	>72	>54	>65

表 5-4 按精米长度分级

名称	级别	长度(mm)	名称	级别	长度(mm)
特长	1	>7.5	中等	5	5.51~6.60
长	3	6.61~7.50	短	7	<5.50

表 5-5 按精米长宽比分级

名称	级别	长度(mm)	名称	级别	长度(mm)
细长	1	>3.0	粗	5	1.1~6.60
适中	3	2.1~3.0	圆	7	<5.50

表 5-6 优质食用稻米外观品质标准

等级	透明度和光泽			垩白米率(%)	
	籼米	粳米	糯米	籼米	粳米
1	半透明、有光泽	半透明、有光泽	乳白有光泽	<5	<5
2	半透明	半透明	乳白	<10	<10

【思考与作业】

1. 分析影响稻米品质的主要因素，谈一谈如何提高结果的稳定性和可靠性。
2. 选取某一稻米品种为材料，分小组测定各供试稻米样品的出糙率、精米率和整精米率，试评价各样品的碾磨品质。
3. 测定供试样品的米粒形状、大小和垩白形状，评价其外观品质。
4. 测定各供试样品的稻米糊化温度和胶稠度，对各样品的蒸煮品质进行评价。

实验 5-3 薯类(甘薯、马铃薯)块茎中淀粉含量测定

【实验目的】

掌握薯类块茎淀粉含量的测定方法。

【内容与原理】

1. 淀粉的制备

淀粉提取也称为浆渣分离，是淀粉加工的关键环节，直接影响淀粉提取率和淀粉质量。粉碎后的物料是细小的纤维，体积大于淀粉颗粒，膨胀系数也大于淀粉颗粒，体积质量又轻于淀粉颗粒，将粉碎后的物料，以水为介质，使淀粉和纤维分离开来。

2. 淀粉含量的测定

淀粉是许多食品的主要组成部分，也是植物种子中重要的贮藏性多糖。淀粉与稀硫酸在加热的条件下能够完全水解成葡萄糖、麦芽糖等还原糖。还原糖的测定是糖定量测定的基本方法。还原糖在碱性条件下被氧化成糖酸及其他产物，3,5-二硝基水杨酸则被还原成

棕红色的 3-氨基-5 硝基水杨酸。在一定范围内,还原糖的量与棕红色物质的深浅成正比关系,利用分光光度计在 540 nm 波长下测定光密度值,查对标准曲线。

【材料与工具】

1. 实验材料

马铃薯块茎或甘薯根茎。

2. 实验工具

分光光度计、小台秤、分析天平、烧杯(100 mL)、研钵、容量瓶(100 mL)、洗瓶、漏斗、滤纸、具塞比色管(15 mL)、恒温水浴、移液管(1 mL、2 mL)。

3. 实验药剂

氢氧化钠、3,5-二硝基水杨酸、0.1 mol/L 柠檬酸缓冲液(pH 5.6)、1 mg/mL 淀粉溶液、20%硫酸。

【方法与步骤】

1. 试剂的制备

(1) 2 mol/L 氢氧化钠溶液

准确称取 4 g 氢氧化钠,溶于 15 mL 蒸馏水并倒入 50 mL 容量瓶中,用蒸馏水分几次清洗烧杯并将清洗液倒入容量瓶中,用蒸馏水定容。

(2) 3,5-二硝基水杨酸

准确称取 3,5-二硝基水杨酸 1 g,溶于 20 mL 2 mol/L 氢氧化钠溶液,先加入 50 mL 蒸馏水,再加入 30 g 酒石酸钾钠,待溶解后用蒸馏水定容至 100 mL。盖紧瓶塞,勿使空气中的 CO_2 进入。若溶液浑浊,可过滤后使用。

(3) 0.1 mol/L 柠檬酸缓冲液(pH 值 5.6)

A 液(0.1 mol/L 柠檬酸):称取 21.01 g $C_6H_8O_7 \cdot H_2O$,用蒸馏水溶解并定容至 1000 mL。

B 液(0.1 mol/L 柠檬酸钠):称取 29.41 g $Na_3C_6H_5O_7 \cdot 2H_2O$,用蒸馏水溶解并定容至 1000 mL。

A 液 110 mL 与 B 液 290 mL 混匀,即为 0.1 mol/L 柠檬酸缓冲液(pH 值 5.6)。

(4) 1 mg/mL 淀粉溶液

称取 0.1 g 淀粉溶于 100 mL 0.1 mol/L 柠檬酸缓冲液(pH 值 5.6)中。

(5) 20%硫酸

先用 50 mL 的量筒量取 50 mL 水,倒入 100 mL 烧杯中;再用 20 mL 的量筒量取 12.6 mL 98%的浓硫酸,沿内壁缓缓倒入烧杯内的水中,边倒边用玻璃棒搅拌,待冷却至室温后,倒入 100 mL 容量瓶中,用蒸馏水分几次清洗烧杯并将清洗液倒入容量瓶,用蒸馏水定容。

2. 淀粉的制备

(1) 操作步骤

取一定量薯类块茎洗涤→磨碎→加水纱布过滤(滤渣继续粉碎,加水过滤)$\xrightarrow{\text{滤液}}$白布过滤→静置→倒掉上层液体→加水搅拌静置→布氏漏斗抽滤→烘干。

(2) 操作要点

①洗涤。对生产淀粉的原料进行清洗，是保证淀粉质量的基础，清洗得越干净，淀粉的质量就越好。

②磨碎。经过洗涤后，送至磨碎机处理。磨碎的目的是破坏物料的组织结构，使微小的淀粉颗粒能够顺利地从块根中解体分离出来，尽可能使物料的细胞破裂，释放更多的游离淀粉颗粒。

③筛分。磨碎后的薯类糊用纱布过滤筛分，在过滤过程中要加水洗涤，滤液为淀粉乳，滤渣再进行两次粉碎过滤。

④静置。过滤后的淀粉乳放在水桶中静置数小时，倒掉上层液体，加水搅拌后继续静置数小时。

⑤脱水干燥。淀粉清洗后，含水率很高，必须脱水。用布氏漏斗抽滤得到含水率为45%的湿淀粉，把湿淀粉放入60℃烘箱烘干即得淀粉成品。

(3) 淀粉得率计算

称量干燥获得的淀粉，按照以下公式计算：

$$薯类淀粉得率 = 成品淀粉质量/薯类块茎质量 \times 100\% \tag{5-14}$$

3. 淀粉含量的测定

(1) 样品淀粉溶液的制备

准确称取 0.1 g 样品，溶解后置于 100 mL 容量瓶，定容后即配成 1 mg/mL 的样品淀粉溶液，在容量瓶上贴上标签。

(2) 淀粉标准曲线的绘制

取 7 支洁净的具塞比色管，编号，按表 5-7 内容进行操作。将测定结果记录于表 5-7 中，以淀粉含量为横坐标，吸光度 A540 为纵坐标，绘制标准曲线。

表 5-7 淀粉标准曲线制作

操作项目	操作项目						
	1	2	3	4	5	6	7
1 mg/mL 标准淀粉溶液(mL)	0	1.0	1.4	1.8	2.2	2.6	3.0
20%硫酸(mL)	2.0	2.0	2.0	2.0	2.0	2.0	2.0
蒸馏水(mL)	4.0	3.0	2.6	2.2	1.8	1.4	1.0
混匀，置于 80℃ 水中水浴反应 3~4 min，冷却							
2 mol/L NaOH 溶液(mL)	1.0	1.0	1.0	1.0	1.0	1.0	1.0
3,5-二硝基水杨酸(mL)	4.0	4.0	4.0	4.0	4.0	4.0	4.0
混匀，置沸水浴煮沸 5 min，取出，冷至室温后，以 1 号为参比溶液							
各试管淀粉含量(mg)	0	1.0	1.4	1.8	2.2	2.6	3.0
A540							

(3) 样品淀粉的测定

取 6 支洁净的具塞比色管，编号，按表 5-8 内容进行操作。显色反应后，以 0 为参比溶液，于 540 nm 处测定吸光度 A540，将测定结果记录于表 5-8 中。

根据测定的吸光度 A540，在标准曲线上查出淀粉含量，按下列公式计算各种制备薯类淀粉的含量：

$$制备薯类淀粉的含量 = 淀粉含量(mg)/制备薯类淀粉(mg) \times 100\% \qquad (5-15)$$

表 5-8 薯类淀粉含量记录表

操作项目	操作项目					
	0	样品				
1 mg/mL 标准淀粉溶液(mL)	0	2				
20%硫酸(mL)	2.0	2.0				
蒸馏水(mL)	4.0	4.0				
混匀，置于 80℃水中水浴反应 3~4 min，冷却						
2 mol/L NaOH 溶液(mL)	1+2	1+2				
3,5-二硝基水杨酸(mL)	4.0	4.0				
混匀，置于沸水中水浴反应 5 min，取出，冷至室温后，以 0 号为参比溶液，于 540 nm 处测定各试管吸光度						
A540						

【注意事项】

1. 由于本实验是以酸作催化剂水解淀粉，其水解的主要特点是非专一性，为了获得较高纯度的淀粉溶液，应尽量减少糖化时杂质的生成，因此选用的淀粉外观要无结块，无霉变，无异味。

2. 淀粉所含杂质越少越好，尤其应尽量设法除去水溶性杂质。

3. 在称取样品时要准确称量，以免造成实验误差。

4. 淀粉水解后，要加入碳酸钠于试管内中和硫酸，否则会影响 3,5-二硝基水杨酸与还原糖的反应。

5. 浓硫酸在稀释过程中会产生大量的热量，因此不许将水倒入浓硫酸，而只能将浓硫酸倒入水中，在操作时要穿好防护用品慢慢地、缓缓地将浓硫酸加入水中，并不断进行搅拌。

【思考与作业】

1. 根据马铃薯和甘薯淀粉含量的测定结果，对比分析有何异同点。

2. 将薯类块茎中淀粉含量测定结果填入表 5-8 中。

实验 5-4　高粱籽粒品质分析

【实验目的】

学习和掌握高粱籽粒蛋白质、赖氨酸、单宁及淀粉含量测定方法。

【内容与原理】

1. 高粱籽粒蛋白质含量测定

凯氏定氮法是由丹麦化学家凯道尔创立的，至今仍作为蛋白质定量的标准方法。凯氏定氮法的理论基础是蛋白质中的含氮量通常占其总质量的16%左右(12%~19%)，通过测定物质中的含氮量便可估算物质的蛋白质总量，将蛋白质样品用浓硫酸硝化变成氨，以NH_4^+的形式进行定量。

2. 高粱籽粒赖氨酸含量测定

谷物蛋白中都含有一定数量的碱性氨基酸，如精氨酸、组氨酸、赖氨酸的碱性基团分别是 δ-胍基、β-咪唑基及 ε-氨基。在 pH 2.0~3.0 的缓冲液中，这些碱性基团均带正电荷，当在此溶液中加入一定或过量的偶氮染料(如酸性橙-12)时，此染料以阴离子存在于溶液中，并与带正电荷的碱性基团作用，定量地生成不溶解的结合物。但由于染料与这3种碱性氨基酸均能结合，可在样品中加入微量的丙酸酐，使其在一定条件下(pH 2.0~3.0)与赖氨酸的 ε-氨基发生特异的酰化作用，目的是掩蔽氨基酸中的 ε-氨基，防止它与染料结合。同时，另取一份样品，不经酰化处理，加入数量相同的染料。平衡后测定染料的结合量，根据两次测定染料结合的差值，即可求得赖氨酸的含量。

3. 高粱籽粒单宁含量测定

用二甲基甲酰胺溶液提取高粱单宁，离心后取上清液，加柠檬酸铁铵溶液和氨溶液，显色后，以水为空白对照，用分光光度计于 525 nm 处测定吸光度值，用单宁酸作标准曲线测定高粱单宁含量。

4. 高粱籽粒淀粉含量测定

淀粉是多糖聚合物，在一定酸性条件下，以氯化钙溶液为分散介质，淀粉可均匀分散在溶液中，并能形成稳定的具有旋光性的物质，而旋光度与淀粉含量成正比，所以可用旋光法测定。

【材料与工具】

1. 实验材料

成熟高粱籽粒。

2. 实验工具

粉碎机、40目筛、离心机(离心加速度3000 g)、电炉、离心管(50 mL)、往复式机械搅拌器或磁力搅拌器、涡旋式振荡器、分光光度计、移液管(1 mL、5 mL、20 mL)、刻度移液管(5 mL、10 mL)、试管(140 mm×14 mm)、容量瓶(20 mL)。

【方法与步骤】

1. 高粱籽粒蛋白质含量测定

凯氏定氮法测定高粱籽粒粗蛋白含量。

(1) 试剂配制

①盐酸。分析纯，0.02 mol/L 标准溶液(邻苯二甲酸氢钾法标定)。

②氢氧化钠。工业用或化学纯。40%溶液(W/V)。

③硼酸-指示剂混合液。硼酸，分析纯，2%溶液(W/V)。

④混合指示剂。溴甲酚绿 0.1 g、甲基红 0.1 g 分别溶于 95%乙醇溶液中，混合后稀释至 100 mL，将混合指示剂与 2%硼酸溶液按 1∶100 比例混合，用稀酸或稀碱调节 pH 值至 4.5，使呈炭紫色，即为硼酸-指示剂混合液。

⑤加速剂。五水合硫酸铜(分析纯)10 g、硫酸钾(分析纯)100 g 在研钵中研磨，混匀后过 40 目筛。

⑥过氧化氢(双氧水)、硫酸混合液(简称混液)。过氧化氢、硫酸、水的比例为 3∶2∶1，即向 100 mL 蒸馏水中慢慢加入 200 mL 浓硫酸，待冷却后将其加入 300 mL 30%过氧化氢，混匀。

(2) 样品的选取和制备

选取有代表性的高粱籽粒(带壳籽粒需脱壳)挑拣干净，按四分法缩减取样，取样量不得少于 20 g。将籽粒放于 60~65℃烘箱中干燥 8 h 以上，用粉碎机磨碎，95%通过 40 目筛，装入磨口瓶备用。

(3) 测定步骤

①称样。称取 0.1 g 试样两份，精确指 0.0001 g，同时测定试样的水分含量。

②消煮 1。将试样置于 25 mL 凯氏瓶中，加入加速剂和 2 g 被测样品，加 3 mL 浓硫酸，轻轻摇动凯氏瓶，使试样被浓硫酸湿润，将凯氏瓶倾斜置于电炉上加热，开始小火，待泡沫停止后加大火力，保持凯氏瓶中的液体连续沸腾，沸酸在瓶颈中部冷凝回流。待溶液消煮到无微小的碳粒并呈透明的蓝绿色时，继续消煮 30 min。

③消煮 2。将试样置于 50 mL 凯氏瓶中，加入 0.5 g 加速剂和 3 mL 混液，在凯氏瓶上放一曲颈小漏斗，倾斜在电炉上加热，开始小火，保持凯氏瓶中液体呈微沸状态。5 min 后加大火力。保持凯氏瓶中液体连续沸腾，消煮总时间为 30 min。

④蒸馏。消煮液稍冷却后加少量蒸馏水，轻轻摇匀。移入半微量蒸馏装置的反应室中，用适量蒸馏水冲洗凯氏瓶 4~5 次。蒸馏时将冷凝管末端插到盛有 10 mL 硼酸-指示剂混合液的锥形瓶中，向反应室中加入 40%氢氧化钠溶液 15 mL(如采用消煮 2 的条件，加 10 mL 即可)。然后通气蒸馏，当馏出液体积约达 50 mL 时，降下锥形瓶。使冷凝管末端离开液面，继续蒸馏 1~2 min，用蒸馏水冲洗冷凝管末端，洗液均需流入锥形瓶中。

⑤滴定。以 0.02 mol/L 标准盐酸或硫酸溶液滴定锥形瓶中的溶液，当溶液由蓝绿色变成灰紫色时为终点。空白用 0.1 g 蔗糖代替样品。消耗标准酸溶液的体积不得超过 0.3 mL。

(4) 结果的计算

$$CP = (V_2 - V_1) \times N \times 0.0140 \times K \times 100 / W \times (100 - x) \tag{5-16}$$

式中　CP——粗蛋白质，%；
　　　V_2——滴定试样时消耗标准酸的体积，mL；
　　　V_1——滴定空白时消耗标准酸的体积，mL；
　　　N——标准酸溶液的当量浓度；
　　　K——氮换算成粗蛋白质的系数，取 5.83；
　　　W——取样重，g；
　　　x——含水量，%。

平行测定的结果用算数平均值表示，保留两位小数。当两份试样粗蛋白质的平行测定结果为 15 以下时，两次测定结果差值不超过 3%；15%~30%时为 2%；30%以上时为 1%。结果必须注明氮换算成粗蛋白质的系数 K。

2. 高粱籽粒赖氨酸含量的测定

染料结合法（DBC）测定高粱籽粒赖氨酸含量。

(1) 试剂的配制

0.2%染料溶液：金橙 G（Orange G）2 g/L、柠檬酸 15.84 g/L、磷酸氢钠（$Na_2HPO_4 \cdot 2H_2O$）2.98 g/L、麝香草酚 0.30 g/L。配置时，染料单独用 80℃左右的水溶液（或在水浴锅上）中加热溶解。麝香草酚则用少量乙醇溶液溶解后，再加入染料和缓冲液，摇匀，加水至 1000 mL。

缓冲液：先将缓冲剂柠檬酸用 400 mL 水溶解，再加入磷酸氢钠缓冲剂。

将配好的染料溶液稀释 100 倍，在 0.5 cm 光径比色皿内于波长 475 nm 处测定光密度，光密度 0.365 左右。

(2) 测定步骤

在 50 mL 试管中加入 0.5 g 试样粉末，用自动滴定管加染料溶液 25 mL，立即盖上橡皮塞，用手猛烈摇荡，使样品与染料充分混合，然后放在水平振荡器上振荡 30~60 min，3000 r/min 离心 5~10 min，取上清液 1 mL 稀释至 5 mL，在波长 475 nm 处比色，读取光密度，由标准曲线得出 DBC 值。

标准曲线的绘制：分别取 0.2%染料溶液 0.2 mL、0.4 mL、0.6 mL、0.8 mL、1.0 mL、1.2 mL 装在 50 mL 定量瓶中，分别含染料质量 0.4 mg、0.8 mg、1.2 mg、1.6 mg、2.0 mg、2.4 mg，加水至刻度，分别在波长 475 nm 处测定光密度。以染料质量为横坐标，光密度为纵坐标，绘制标准曲线（呈直线符合要求）。

(3) 结果计算

样品测定后，从标准曲线查出固定染料的质量，再乘总体积，得样品固定染料总质量。先根据样品量换算成每克干样品固定染料的质量，再根据样品蛋白质含量换算成每克蛋白质固定染料的总质量及固定染料的毫克分子量。

3. 高粱籽粒单宁含量的测定

(1) 试剂配制

所有试剂均为分析纯，蒸馏水、2 g/L 单宁酸溶液（该溶液可保存一周）、8.0 g/L 氨（NH_3）溶液。

75%二甲基甲酰胺溶液：取 75 mL 二甲基甲酰胺溶液于 100 mL 容量瓶中，用水稀释，冷却后加水至刻度。

3.5 g/L 柠檬酸铁铵(铁含量 17%~20%)溶液：称取 3.5 g 柠檬酸铁铵，定容至 100 mL 棕色试剂瓶，在使用前 24 h 配制。由于柠檬酸盐的铁含量影响测定结果，应特别注意其含量。

(2)测定步骤

①试样制备。除去试样中的杂质，用粉碎机粉碎试样，并全部通过筛子，充分混合均匀。试样粉碎后，单宁会迅速氧化，应立即测定。粉碎的样品仅可避光保存数天，且应干燥后保存。

②水分测定。试样水分含量按照《食品安全国家标准 食品中水分的测定》(GB 5009.3—2016)测定。

③称样量。称取试样约 1 g，精确至 1 mg，置于离心管中。

④样品测定。具体步骤如下：

a. 用移液管取 20 mL 二甲基甲酰胺溶液于装有样品的离心管中，盖好密闭盖并用搅拌器搅拌提取 60 min。然后以 3000 g 离心加速度离心 10 min。

b. 用移液管取 1 mL 上清液于试管中，用移液管分别加入 6 mL 水和 1 mL 氨溶液，然后用振荡器振荡几秒。

c. 用移液管移取 1 mL 上清液于试管中，用移液管分别加入 5 mL 水和 1 mL 柠檬酸铁铵溶液，用振荡器振荡几秒，然后，用移液管加入 1 mL 氨溶液，用振荡器再振荡几秒。

d. 在步骤 a 及步骤 b 操作结束后 10 min，分别将两种溶液倒入比色皿中，以水作为空白对照，用分光光度计于 525 nm 处测定吸光度。试样的吸光度值 A_x 为两个吸光度值之差。

⑤绘制标准曲线。在测定试样的当天，按照下列步骤绘制标准曲线。

准备 6 个 20 mL 容量瓶，用刻度移液管分别加入 0、1 mL、2 mL、3 mL、4 mL、5 mL 单宁酸溶液，加二甲基甲酰胺溶液至刻度，所得标准系列溶液的单宁酸含量分别为 0、0.1 mg/mL、0.2 mg/mL、0.3 mg/mL、0.4 mg/mL、0.5 mg/mL。分别移取 1 mL 以上标准系列溶液于试管中，用移液管分别加入 5 mL 水和 1 mL 柠檬酸铁铵溶液，用振荡器振荡几秒，然后加入 1 mL 氨溶液再振荡几秒。静置 10 min 后，将溶液倒入比色皿，以水作为空白对照，用分光光度计于 525 nm 处测定吸光度。

以吸光度值为纵坐标，以单宁酸标准溶液中单宁酸浓度为横坐标，绘制标准曲线。标准曲线不经过原点，而且不需要校正通过原点。

(3)结果计算

试样中单宁含量以干基中单宁酸的质量分数表示，按以下公式计算：

$$X = 2c/m + 100/(100-H) \tag{5-17}$$

式中　X——试样中单宁含量，mg/mL；

　　　c——从标准曲线读取的试样提取液中单宁酸的浓度，mg/mL；

　　　m——试样的质量，g；

　　　H——试样的水分含量，%。

4. 高粱籽粒淀粉含量的测定

（1）试剂配制

①氯化钙-乙酸溶液。500 g 氯化钙溶于 600 mL 蒸馏水，过滤至澄清为止，用波美比重计（或比重瓶）在 20℃ 条件下调溶液毕生至 1.3，滴加乙酸并用精密 pH 试纸调整 pH 值至 2.3 左右，再用酸度计准确调整 pH 值至 2.3（每 1000 mL 溶液约加入乙酸 2 mL）。

②30% 硫酸锌溶液。取 30 g 硫酸锌用蒸馏水溶解并稀释至 100 mL。

③15% 亚铁氰化钾溶液。取 15 g 亚铁氰化钾，用蒸馏水溶解并稀释至 100 mL。

（2）测定步骤

①样品准备。选取具有代表性的高粱籽粒，按四分法缩减取样约 20 g，充分风干后，先脱壳后粉碎，95% 过 60 目筛，装入磨口瓶备用。

②称样。称取过 60 目筛的样品 2.5 g，精确指 0.001 g。同时参照 GB 5009.3—2016 测定水分。

③水解。将称好的样品放入 250 mL 三角瓶中，先加入 10 mL 氯化钙-乙酸溶液，充分摇匀（必要时可加几粒小玻璃球使其加速分散），临加热前再加入 50 mL 氯化钙-乙酸溶液，轻轻摇匀。加盖小漏斗，置于 119℃±1℃（可溶性淀粉为 117℃±1℃）甘油浴中，使之在 5 min 内达到恒温，再继续加热 25 min，立即放入冰水槽中。

④提取。用 30 mL 蒸馏水，少量多次将三角瓶内溶液全部转入 100 mL 容量瓶中，加入 1 mL 30% 硫酸锌溶液沉淀蛋白质，摇匀，再加入 1 mL 15% 亚铁氰化钾溶液，消除剩余硫酸锌的干扰，摇匀。若有气泡，可加几滴无水乙醇消除，用蒸馏水定容，用中速滤纸过滤并弃掉初滤液（10~15 mL）。

⑤测定。将滤液装满 2 dm 旋光管，测定前先用空白液调整旋光仪零点，在 20℃ 条件下，进行旋光测定，取两次读数平均值。结果计算：

$$CSR = a \times 10^6 / L \times W \times 230 \times (100-K) \tag{5-18}$$

式中　CSR——粗淀粉含量，%；
　　　a——旋光仪上读出的旋转角度；
　　　L——旋光管长度，dm；
　　　W——取样重，g；
　　　K——样品水分含量，%。

【注意事项】

1. 凯氏法测定粗蛋白含量

①混合指示剂放置时间不宜过长，需在一个月内使用。

②过氧化氢、硫酸混液可一次配置 500~1000 mL 储藏于试剂瓶中备用。夏天最好放入冰箱或阴凉处贮藏，室温 20℃ 上下时不必冷藏，贮藏时间不应超过一个月。

2. 单宁含量测定

①由于不同来源的单宁酸对标准曲线有影响，所以，推荐使用同一公司的单宁酸作为参考，以便于比较测定结果。

②使用二甲基甲酰胺过程中注意安全，应避免吸入或与皮肤接触时。

【思考与作业】

1. 高粱品质的提高对籽粒蛋白质、赖氨酸、淀粉和单宁各有什么要求？
2. 凯氏定氮法测定粗蛋白过程中要注意哪些事项？
3. 高粱籽粒单宁含量测定过程中要注意哪些事项？

实验 5-5 棉纤维品质分析

【实验目的】

初步掌握棉纤维长度、整齐度、强度、细度、成熟度等指标的测定方法。

【内容与原理】

棉纤维是重要的纺织原料，棉纤维品质尤为重要。分析棉纤维的内在质量，评定其纺织使用价值，是棉花育种、新品种纤维品质鉴定和农业试验处理效果评价的重要依据，也是原棉定价、使用的依据。棉纤维品质指标主要有纤维长度、细度强度和强力、成熟度和转曲数等。

1. 纤维长度

纤维长度指纤维伸长后两端之间的长度，以毫米(mm)为单位。棉花按纤维长度可分为短绒棉(20.5 mm 以下)、中短绒棉(20.6~26.1 mm)、中长绒棉(26.2~28.5 mm)、长绒棉(28.6~34.8 mm)和超级长绒棉(34.9 mm 以上)。棉纤维长度因种和品种不同而有很大差异。同一品种的不同植株间、同一植株不同节位的棉铃间、同棉铃内不同棉籽间、同一棉籽不同部位的绒长，往往也有一定差异。同一棉株上、下部棉铃的纤维最短，上部棉铃的纤维次之，中部棉铃的纤维最长。同一棉株不同棉铃间绒长相差可达 10 mm；同一棉铃中不同棉籽的绒长相差可达 5 mm。

2. 纤维细度

纤维细度是表示棉纤维粗细程度的指标，纤维细度测定多采用间接法。国际上表示棉纤维细度的指标有两个：第一个是马克隆值(Micronaire value)，表征一定质量的试样在特定条件下的透气性。细的、不成熟的纤维对气流阻力大，马克隆值低；粗的、成熟的纤维气流阻力小，马克隆值大。陆地棉马克隆值在 4.0~5.0，海岛棉在 3.5~4.0。马克隆值在 3.0 以下的纤维为很细，马克隆值 3.0~3.9 时为细，马克隆值 4.0~4.9 为中等，马克隆值 5.0~5.9 为粗，马克隆值 6.0~6.9 为很粗。国际贸易中，陆地棉的马克隆值在 3.5~4.9 时为正常，低于 3.5 的成熟度差。第二个是特克斯(tex)，指 1000 m 长度纤维或纱线的质量(g)。国际标准通常以特克斯表示纤维细度，特克斯值越高，表示纤维越粗；特克斯值越低，则越细。我国习惯上采用公制支数表示棉纤维细度。它是指一定质量纤维的总长度，单位为 m/g。用棉纤维中段切取器切取一束长度一定的纤维，称其质量，计数其根数，从而计算出棉纤维的公制支数。纤维越细，公制支数越高。

3. 纤维强度和强力

纤维强度指纤维的相对引力，即纤维单位截面积所能承受的强力，以束纤维的断裂负荷除以束纤维面积表示。纤维强度也用来比较不同棉纤维细度的强力大小，强度越高，表示纤维既细又强，单位为 g/tex 等。强力指纤维的绝对强力，即一根纤维或一束纤维被拉断时所承受的力，单位为 gf 和 kg。

我国通常用断裂长度作为表示纤维强力细度的综合指标，也表示纤维的相对强力。断裂长度等于单纤维强力(g)和纤维细度公制支数(m/g)的乘积，单位为千米(km)。

4. 纤维成熟度

纤维成熟度指纤维细胞壁加厚及纤维素在细胞中沉积的程度，其与纤维长度以外的其他纤维品质指标均有关系。充分成熟的纤维强力较高，天然转曲数较多，洁白有光泽，品质好，棉纱的强力也较好。没有成熟的纤维强力弱，吸湿性高，刚性差，转曲数少，影响成纱强度，纺织过程中易形成棉结。棉纤维成熟度的测定一般用两种方法：中腔胞壁对比法和偏振光法。

5. 纤维转曲

一根成熟纤维上有许多螺旋状扭转，称为转曲或扭曲。一般以纤维 1 cm 长度中扭转 180°的个数表示。正常成熟的棉纤维转曲数最多，不成熟的纤维转曲数最少，过成熟的纤维转曲数也少。棉纤维的转曲数因不同棉种而异，陆地棉为 50~80 个，海岛棉为 100~200 个。

【材料与工具】

1. 实验材料

待测棉纤维。

2. 实验工具

小型轧花机、Y146 型光电长度仪、Y162 型束纤维强力机、Y147 型偏光成熟仪、Y171 型纤维切断器、Y145 型动力气流式纤维细度仪、生物显微镜、限制器绒板、目镜测微尺、物镜测微尺、1 号夹子、压锤、镊子、梳片、黑绒板、小钢尺、秒表、挑针、镊子、梳子(稀齿梳为 10 针/cm，密齿梳为 20 针/cm)、载玻片、盖玻片、玻璃皿、胶水、氢氧化钠溶液。

【方法与步骤】

1. 纤维长度的测定

(1) 分梳法

①取样。每品种取每瓣中部籽棉一粒，共取 10~20 粒。

②分梳。以种子的脊为中线，向左、右分开棉纤维，然后梳成蝶形，先用稀齿梳，再用密齿梳，尽量避免梳落纤维。

③贴板。梳齐、梳平后，用两手拇指与食指轻轻拉住纤维两端，紧贴在黑绒板上(籽粒尖端向下)。

④测量。用钢尺在纤维两端多数纤维的终点向内移半个种子宽度处画一条线，并以此为界，量两边共有长度(mm)，除以 2 即得其长度。10~20 粒一一量毕，求出该品种纤维长度的平均值。

(2)手扯测量法

手扯测量法包括取样和手扯、整理、测量几个步骤。

①取样和手扯。抽取一定量有代表性的纤维，稍加整理，使纤维趋于平顺。双手分别握住试样的两端，采取两拳平行相对或两拳掌心相对两种方式用力分离试样。双手平分后，合并试样，一手握持试样，另一手拇指与食指剔除试样中的索丝、杂物和未被控制的游离纤维。

②整理。用食指节侧面与拇指的节平面平行对齐，夹取被握持试样截面上伸出的纤维，顺次缓缓抽取，边抽取边清除索丝、杂质等，将抽取的纤维均匀整齐地重叠在拇指与食指之间，直至成为一定量的棉束。

③测量。用纤维专用尺直接测量棉束长度。

(3)仪器测量

采用Y146型光电长度仪可直接测量纤维主体长度。仪器根据光线通过纤维束光亮度的大小与纤维束的截面积呈负相关的原理而设计。

2. 纤维强度的测定

采用Y162型束纤维强力机进行强度测定。该仪器由传动部分、测力部分、制动部分组成，主要根据力矩平衡原理，求得试样所受的拉力。

(1)仪器的校正

首先校正仪器水平和指针零位，可通过调节扇形杆上平衡锤的位置校正；然后用隔距片校正，上、下夹持器之间的距离为3 mm；再调节下夹持器的下降速度至300 mm/min±5 mm/min（一般下夹持器的下降动程约50 mm，在10 s内下降完毕）；最后检查其他零件是否灵活。

(2)试样准备

从试验棉条中纵向取出适当数量的试样。取样数量随纤维长度而定，试验棉条手扯长度在31 mm及以下的取样30 mg左右，手扯长度在31 mm以上的取样40 mg左右。用手扯法将取得的试样反复扯理两次，叠成长纤维在下、短纤维在上且一端整齐宽32 mm的棉束。梳去游离纤维，使纤维平直，并将棉束移至另一夹子上，使整齐一端露出夹子外，从棉束整齐一端梳去露出部分的短纤维。梳理时应先用稀齿梳，后用密齿梳，由外向内逐渐靠近夹子，缓缓梳理，防止折断纤维。梳去短纤维长度的规定：手扯长度31 mm以下的，梳去长度16 mm及其以下的纤维；手扯长度31 mm以上的，梳去长度20 mm及其以下的纤维。

(3)测定

测试时用上夹持器夹住小棉束(质量3.0 mg±0.3 mg)整齐一端，夹入长度为8 mm(手扯长度在31 mm以下的试样)或10 mm(手扯长度在31 mm以上的试样)。旋紧螺丝后再梳理一下。挂上夹持器，将小棉束不整齐一端夹于下夹持器中，旋紧螺丝。扳动手柄，在加压重锤的重力作用下，使下夹持器下降，待小棉束断裂后记录断裂强力。

(4)计算平均单纤维断裂强力

$$F = \left(\sum \frac{F_g}{G} \times N_g \right) \Big/ 0.675 \tag{5-19}$$

式中　F——平均单纤维断裂强力，gf；

F_q——小束的断裂强力，gf；

G——断裂小棉束的质量，mg；

N_g——为每毫克纤维的根数；

0.675——束纤维强力换算成单纤维断裂强力的常数，即由 1000 根纤维组成的束纤维其断裂强力仅相当于 675 根单纤维断裂强力的总和。

3. 纤维细度的测定

(1) 质量测试法

取 8~10 mg 根数在 1500~2000 范围内的试样，整理成平行伸直、宽 5~6 mm 的棉束，梳去游离纤维及短纤维。用纤维切断器切断后，置于温度 20℃±3℃、空气相对湿度 65%±3% 条件下 1 h，分别称量中段和上下两端的质量，然后将中段纤维置于显微镜下数其根数。根据下列各公式计算各种参数。

$$N_m = \frac{I \times N}{G_f} \tag{5-20}$$

$$N_g = \frac{N}{G_f + G_c} \tag{5-21}$$

式中 N_m——公制支数，m/g；

I——切取的中段纤维的长度，mm；

N——纤维根数；

G_f——棉束中段纤维质量，mg；

N_g——每毫克纤维根数；

G_c——棉束两端纤维质量之和，mg。

(2) 马克隆值

该指标为一定量棉纤维在规定条件下通气性的量度。透气性由纤维的比表面积决定，比表面积与纤维的线密度和成熟度有关，因而马克隆值是纤维线细度和成熟度的综合指标。细的、不成熟的纤维对气流的阻力大，马克隆值低；反之亦然。

采用 Y145 型动力气流式纤维细度仪测定试样透气性。称取各纤维样品 5 g，放入试样筒内，将压样筒插入、旋紧，卡在试样筒的颈圈上。根据读数流量和换算表确定马克隆值。

4. 纤维成熟度的测定

(1) 中腔胞壁对比法

①显微镜直接观察法。取棉样 4~6 mg，通过整理留下中间部分较长的纤维 180~200 根，置于载玻片上，用 400 倍显微镜观察纤维中段，对照纤维形态图(图 5-1)，得出每根纤维的平均成熟系数。也可以根据中腔宽度(e)与细胞壁厚度(s)的比值(简称腔壁比，e/s)，对照标样图得到棉纤维的成熟系数(图 5-2)。

②氢氧化钠测定法。棉纤维在 18% 氢氧化钠溶液中形状发生变化。根据细胞壁厚度与纤维最大宽度的比及形状变化判断纤维类型(3 种类型：死纤维、正常纤维和薄壁纤维)。

计算成熟度比(M)。一般成熟度比低于 0.8 时，属于未成熟薄壁棉纤维。

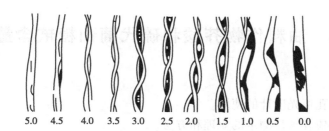

图 5-1　各种成熟度的棉纤维形态

（图中的数字表示 1 cm 长度棉纤维的转曲数，转曲越多，
表明成熟度越好；引自《作物学实验》，2015）

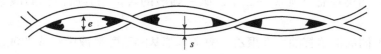

图 5-2　显微镜下棉纤维中腔宽度(e)与细胞壁厚度(s)示意

$$M = N - D/200 + 0.70 \tag{5-22}$$

式中　M——成熟度比；

　　　N——正常纤维的平均百分率；

　　　D——死纤维的平均百分率。

（2）偏振光测定法

根据棉纤维的双折射性能，应用光电方法测量棉纤维透过偏振光时的光强度，当平面偏振光进入棉纤维后，平行纤维的偏振光与垂直纤维的偏振光间产生光程差、干涉色以及光强度的变化，从而可以间接测定纤维成熟度。

采用 Y147 型偏光成熟仪进行测定。利用光电转换方法，测量直线偏振光透过棉纤维和检振片后的光强度，从而求得纤维成熟度系数。

5. 纤维转曲的测定

先用玻璃棒蘸一滴稀胶水于载玻片上并涂抹均匀。将纤维平铺在载玻片上并盖上盖玻片，在显微镜下数计测微尺 50 格内所具有的转曲数。依次测定 10 根纤维样本，求出平均数，最后算出 1 cm 长度所具有的转曲数，比较不同品种之间的差异。

【注意事项】

操作 Y162 型束纤维强力机、Y147 型偏光成熟仪等仪器前注意了解仪器构造、工作原理和使用说明。

【思考与作业】

1. 在测定纤维品质（如纤维长度、强度和细度）时，取样要注意哪些问题？需要哪些工作条件？

2. 整理不同棉花品种的纤维长度、强度、细度、成熟度和转曲数的测定结果，指出哪个品种纤维品质较好。

实验 5-6 油料作物芥酸和硫代葡萄糖甙含量的测定

【实验目的】

1. 熟练掌握微孔板光度计的使用。
2. 掌握芥酸和硫苷含量测定的原理和方法。

【内容与原理】

1. 芥酸测定

芥酸含量：油菜籽油中顺 Δ^{13}-二十二碳一烯酸的含量用其所占脂肪酸组成的百分率表示。

芥酸含量不同的油菜籽油，在聚乙二醇辛基苯基醚乙醇溶液中形成的浊度不同，可根据浊度与芥酸含量的相关关系测定油菜籽油芥酸含量。

2. 硫苷测定

硫苷含量：油菜籽中所含硫代葡萄糖苷（简称硫苷）的含量用每克油菜籽中所含硫苷总量的微摩尔数表示。

油菜籽油中硫苷与米曲霉硫甙水解酶反应会生成硫苷降解产物，与邻联甲苯胺乙醇溶液反应会生成具有特征吸收峰的有色产物，采用光度法可测定硫苷含量。

【材料与工具】

1. 实验材料

超纯水、10 mg/mL 的聚乙二醇辛基苯基醚乙醇溶液、0.1 mol/L 的硫酸二氢钾溶液、pH 值为 6.0 的 Buffer 缓冲液、0.62 mg/mL 的邻联甲苯胺、3 个品种油菜籽油样，以及与上述油样同样品种的 3 种油菜籽。

2. 实验工具

微孔板分光光度仪、32℃ 恒温箱、天平、最大量程为 1 mL 和 200 μL 的移液枪、96 孔油菜籽硫苷测试板、石英比色杯、50 mL 具塞三角瓶、50 mL 量筒、研钵、5 mL 试管、脱脂棉、96 孔板硫苷微孔板（已加入 pH 为 6.0 的 Buffer 缓冲液和 0.62 mg/mL 的邻联甲苯胺溶液）。

【方法与步骤】

1. 芥酸测定

①提前将 20 mL 超纯水和石英比色杯放置于 32℃ 恒温箱中预热。

②用天平称取 0.30 g 油样，用量筒量取 25 mL 聚乙二醇辛基苯基醚乙醇溶液加入 50 mL 具塞三角瓶中，旋紧塞子用力振荡，充分混匀后，放入 32℃ 恒温箱中保温 15 min。

③用移液枪取 1 mL 上述恒温至 32℃ 的超纯水加入三角瓶中，边滴加边摇动三角瓶，旋紧塞子后摇匀，随即倒入比色杯，用微孔板光度计进行芥酸测定，测定值即为油菜籽油芥酸含量。

2. 硫苷测定

①称取油菜籽样品 3~5 g，用研钵磨碎，细度 40 目。

②称取 0.5 g 粉碎样品，置于 5 mL 试管中，用移液枪加入 3 mL 水，盖好盖子，充分混匀后室温下放置 8 min。

③用脱脂棉过滤，取上清液 50 μL 加入硫苷测试板孔内，静置 8 min，用 200 μL 移液枪加入 150 μL 磷酸二氢钾溶液后再静置 2 min。

④微孔板光度计测定硫苷，作空白调零后测定值即为每克油菜籽中所含的硫苷总量（μmol/g）。

【注意事项】

1. 取样时，应清除样品外来杂质。样品含水率大于 13%时，需风干或 50℃烘干至含水率小于 13%。

2. 同一样品进行两次重复测定，测定结果取算术平均值。

3. 芥酸含量大于 5%时，两次平行测定结果绝对相差不大于 1.0%；芥酸含量小于 5%时，两次平行测定结果绝对相差不大于 0.5%。

4. 硫苷含量两次平行测定结果绝对相差不大于 4.0 μmol/g。

【思考与作业】

1. 除了芥酸和硫苷，还有哪些指标影响油料作物品质？它们该如何测定？
2. 双低油菜的芥酸和硫苷含量分别是多少？
3. 使用微孔板分光光度计测定所提供样品的芥酸和硫苷含量，填入表 5-9。
4. 比较各样品芥酸和硫苷含量。
5. 查阅文献，总结还有哪些芥酸和硫苷含量的测定方法？对各个方法进行比较。

表 5-9　分光光度计法测定油菜籽油芥酸和硫苷含量

样品	芥酸含量(%)	硫苷含量(%)
1		
2		
3		
⋮		

第6章

作物生产技术

实验6-1 小麦播种技术

【实验目的】

1. 掌握播种技术的基本要点。
2. 了解田间管理措施。

【内容与原理】

进行小麦播前准备(整地、施肥、品种选择与种子处理等);进行小麦播种。

播种是小麦的栽培措施之一,是将小麦种子按一定数量和方式适时播入一定深度土层中的作业。播种适当与否直接影响小麦的生长发育和产量。为提高播种质量,播种前除精细整地外还要做好种子处理以及劳力、畜力和播种机具等的准备。

【材料与工具】

1. 实验材料

小麦种子、化肥等。

2. 实验工具

天平、测绳、开沟锄、皮卷尺、耙子、铁锹等。

【方法与步骤】

1. 整地

虽然小麦对土壤的适应性较强,但耕作层深厚、结构良好、有机质丰富、养分充足、通气性与保水性良好的土壤,是小麦高产、稳产、优质的基础。一般认为,适宜的土壤条件为土壤容重在 1.2 g/cm³ 左右、孔隙度 50%~55%、有机质含量在 1.0% 以上,土壤 pH 6.8~7.0。麦田耕作整地的质量应达到"深、透、碎、平、实、足"的要求,即深耕深翻加深耕层,耕透耙透不漏耕漏耙,土壤细碎无明暗坷垃,地面平整,上虚下实,底墒充足。

2. 施肥

(1) 小麦对营养元素的需求

一般而言，每生产 100 kg 籽粒需氮素(N) 2.0~4.2 kg、磷素(P_2O_5) 0.8~1.4 kg、钾素(K_2O) 2.6~3.8 kg，三者的比例大约为 2.8 : 1 : 3.0。

(2) 小麦施肥

小麦的施肥技术包括施肥量和施肥时期的确定。

施肥量一般根据计划产量而定，计划产量所需养分量可根据 100 kg 籽粒所需养分量来确定。

施肥时期应根据小麦的需肥动态和肥效时期来确定。一般冬小麦生长期较长，播种前一次性施肥的麦田极易出现前期生长过旺而后期"脱肥"的现象，应采取底肥和追肥相结合的施肥方式。春小麦可采用一次性重施底肥，而磷肥、钾肥和有机肥一般基施。

3. 品种选用与种子处理

小麦良种应具备高产、稳产、优质、抗逆、适应性强的特点。良种选用应根据当地自然气候、栽培条件、产量水平以及耕作制度特点进行，同时做到良种良法配套。

播前种子处理应通过机械筛选粒大饱满、整齐一致、无杂质的种子，以保证种子营养充足，出苗整齐、分蘖粗壮、根系发达、苗全、苗壮。要针对当地苗期常发病虫害进行药剂拌种，或用含有营养元素、药剂、激素的种衣剂包衣。同时，进行发芽试验，为确定播种量提供依据。

4. 播种

(1) 适期播种

一般强冬性品种宜适当早播，弱冬性品种可适当晚播。生产实践中，北方各麦区冬小麦的适宜播期为：冬性品种播种一般在日平均气温 16~18℃时进行，弱冬性品种播种一般在 14~16℃时进行，在 9 月下旬至 10 月中旬。在此范围内，还要根据当地的气候、土壤肥力、地形等特点进行调整。

(2) 合理密植

通常采取"以地定产，以产定穗，以穗定苗，以苗定籽"的方法确定实际播种量，即以土壤肥力高低确定产量水平。先根据计划产量和品种的穗粒重确定合理穗数，根据穗数和单株成穗数确定基本苗数，再根据基本苗和品种千粒重、发芽率及田间出苗率等确定播种量。

(3) 播种深度

播种深度因气候条件、土壤质地、土壤墒情等情况不同而异。北方冬麦区气候干旱，冬季寒冷，播种宜深些，一般 3~5 cm 为宜；冬季严寒地区，冬小麦应深播到 5~6 cm；南方冬麦区气候温暖湿润，2~3 cm 即可。稻田土壤黏重不能深播。

(4) 种植方式

①等行距窄幅条播。行距一般有 16 cm、20 cm、23 cm 等机播。这种方式的优点是单株营养面积均匀，能充分利用地力和光照，植株生长健壮整齐。

②宽幅条播。播幅 7 cm，行距 20~23 cm。优点是减少断垄，播幅加宽，种子分布均

匀,改善了单株营养条件,有利于通风透光。

③宽窄行条播。有窄行 20 cm、宽行 30 cm,窄行 17 cm、宽行 30 cm,窄行 17 cm、宽行 33 cm 等,优点是可改善株间光照和通风条件。

【注意事项】

1. 播种量与实际生产条件、品种特性、播期早晚、栽培体系类型等有密切的关系。调整播种量的一般原则:土壤肥力很低时,播种量应减少,随着肥力的提高,适当增加播种量;当肥力较高时,则应相对减少播种量。冬性强、营养生长期长、分蘖力强的品种,适当减少播种量;春性强、营养生长期短、分蘖力弱的品种,适当增加播种量;播期推迟应适当增加播种量。

2. 注意播种深度:小麦播种过浅,种子在萌发出苗过程中会因土壤失墒而落干,出现缺苗断垄问题,同时播种过浅使分蘖节离地面过近,抗冻能力弱,不利于安全越冬;小麦播种过深,幼苗出土消耗过多养分,推迟出苗时间,麦苗生长细弱,分蘖少,植株内养分积累少,抗冻能力弱,冬季早春易大量死苗。

【思考与作业】

1. 在生产实践中,如何选择适宜的播种方式?
2. 小麦的播种技术的要求有哪些?
3. 如何计算小麦的播种量?

实验 6-2　玉米播种技术

【实验目的】

1. 掌握玉米播种的技术要点。
2. 了解玉米播种技术与实现高产高效生产目标的关系。

【内容与原理】

玉米播前准备及播种。

播种是玉米的栽培措施之一,是将玉米种子按一定数量和方式适时播入一定深度土层中的作业。播种适当与否直接影响玉米的生长发育和产量。为提高播种质量,播种前除精细整地外还要做好种子处理,以及劳力、畜力和播种机具等的准备。

【材料与工具】

1. 实验材料

玉米种子、肥料等。

2. 实验工具

天平、尺子、开沟器、计数器、耙子、铁锹等。

【方法与步骤】

1. 播前整地

播前采用机械和人工辅助的方式,清除田间草根、石块等杂物。利用圆盘耙、平地机将地块深松平整，深度为 10~15 cm。玉米田耕作整地的质量应达到"齐、平、碎、松、净、匀"的播种要求。

2. 施肥

根据前茬作物和土壤肥力情况，确定施肥种类和比例，做到合理配比施肥。施肥前最好进行测土配方施肥。施肥量一般根据计划产量而定，计划产量所需养分量可根据 100 kg 籽粒所需养分量（N：2.0~4.2 kg；P_2O_5：0.8~1.4 kg；K_2O：2.6~3.8 kg）来确定。施肥应遵循底肥和追肥相结合的方式，磷肥、钾肥一次性基施，氮肥可留 1/2 作后期追肥。

3. 备墒

土壤墒情是影响种子出苗质量的关键因素。墒情好，土地平整，播种深度一致，出苗整齐均匀。播前备墒的一个重要环节就是土壤水分的调整。春播时温度低，要适当浇小水，以免降低地温，影响土壤透气；夏播时如果气温过高，应播种后浇"蒙头水"，保证墒情。

4. 种子处理

应根据当地的自然气候、栽培条件、产量水平等，选择粒大、饱满、高产、稳产、优质、抗逆、适应性强的种子。种子的纯度不低于 98%，净度不低于 98%，发芽率不低于 90%，含水量不高于 13%。播种前应进行人工精选。针对当地常发病虫害进行药剂拌种，或直接对症选用包衣种子。播种前 15 d 进行发芽实验。

5. 适期播种

适宜播种期的确定应参考以下 3 个方面：种子萌发的最低温度；播种时的土壤墒情；保证能够在生长季节正常成熟（这对无霜期较短地区的玉米制种十分关键）。

玉米发芽最低温度为 6~7℃，10~12℃ 为幼芽缓慢生长的温度。因此，在土壤墒情允许的情况下（田间持水量大于 60%），新疆春玉米适宜播种期一般在 5~10 cm 地温稳定在 10~12℃ 时，出苗较快而整齐，有利于苗期培育壮苗。如果考虑土壤墒情及保证无霜期较短的地区玉米能够正常成熟，可在 5~10 cm 地温稳定在 10℃ 左右时适期早播。地膜覆盖玉米可提前至 5~10 cm 地温 8~10℃ 时播种。夏玉米播种要突出抢时早播，可采取免耕抢墒直播方式。夏玉米一般在 5 月下旬至 6 月上中旬播种。"春争日、夏争时"，适时早播可增加有效积温，延长玉米的有效生长期。

6. 合理密植

玉米的种植密度首先要考虑品种的特性，其次要考虑土壤肥力。施肥量大且适宜，可适当增大密度；在易旱而无灌溉条件的地区，种植密度宜稀。大穗晚熟品种每公顷 6 万株以上；土壤肥力较低地块每公顷 5.25 万~6.00 万株为宜。

$$SA = NSL \times SRI \times TW / (1000 \times 1000 \times GR) \tag{6-1}$$

式中 SA——播种量，kg/hm^2；

     NSL——计算留苗数，株；

     SRI——留苗保险系数；

     TW——千粒重，g；

     GR——发芽率，%。

留苗保险系数为定苗时每留一株玉米需要播种长出的苗数。算出每公顷播种量后,还要根据气候、土壤墒情和整地质量等影响因素适当增减。一般条播 45.0~52.5 kg/hm², 点播 37.5~45.0 kg/hm², 机械化精量点播 15.0~22.5 kg/hm²。

7. 播种深度

播种深度视土壤质地、土壤墒情和种子大小而定,一般以 4~6 cm 为宜。如果土壤质地黏重,墒情较好,可适当浅些;土壤质地疏松,易于干燥的砂壤上地,可适当深些;大粒种子,可适当深些。播种深度要求一致,以便苗齐、苗壮。

8. 播种方法

①人工点播。每穴播种 2~3 粒,注意保持株距、行距一致。

②机械条播。用免耕播种机进行播种,播前要认真调整播种机的下子量和落粒均匀度,控制好开沟器的播种深度,做到播深一致,落粒均匀,防止因排种装置堵塞而出现缺苗断垄现象。

③机械精量点播。使用精量点播机进行点播,每穴 1~2 粒。

9. 行距要求

玉米生产中主要有 60 cm 等行距播种和 80 cm/40 cm 宽窄行两种播种方式。

【注意事项】

1. 注意播前地块的整理,即整地质量要好。
2. 人工播种时播深要严格控制。
3. 播量需精确计算。

【思考与作业】

1. 与传统等行距相比,宽窄行播种方式有何优势?
2. 简述播种过深、过浅的危害。
3. 简述玉米播种的技术要点。

实验 6-3　水稻育秧与秧苗诊断

【实验目的】

1. 掌握常用的几种育秧方法,特别是湿润育秧方法。
2. 掌握水稻种子处理和播种技术。
3. 了解水稻育秧田的选择及基本要求,熟悉育秧田管理技术,了解并掌握水稻秧苗生长期间的相关诊断技术。

【内容与原理】

1. 水稻育秧

常用的水稻育秧方式有:露地湿润育秧、薄膜保温育秧、水育秧、旱地育秧技术。这几种主要的育秧方式及其技术要求因自然条件、耕作制度、品种特点、插秧季节等情况的差异而有所不同,可根据不同情况选择使用。

水稻育秧的基本要求是培育壮秧，概括来讲，就是要培育发根力强、植伤率低、插秧后返青快、分蘖早的秧苗。若想育出壮秧，从源头上看首先要选好秧田，整好地，施足基肥，同时做好种子处理，选用优良品种，要求种子纯度高、发芽率高、发芽势强、整齐饱满，后续进行严格的晒种、选种、浸种消毒，适时播种。

2. 水稻秧苗生理诊断

秧苗生理障碍主要表现为烂秧和死苗，其中烂秧是水稻生产中的重要问题之一，在早季低温育秧期间最为常见，对双季稻区的影响较大。烂秧包括烂种和烂芽，这种现象在水育秧、湿润育秧和直播田常有所发生。死苗现象常发生在塑料薄膜育秧和旱育秧田中。因此，及时对秧苗进行诊断，查明原因，采取有效预防措施，是培育壮秧的关键。

【材料与工具】

1. 实验材料

水稻种子。

2. 实验工具

铁耙、铁锨、开沟器、皮卷尺、播种器等土地耕整和播种工具。

【方法与步骤】

1. 水稻育秧

（1）选用良种

因地制宜、科学合理地选用优质、稳产抗病品种，测定其发芽率和发芽势，计算播种量。

（2）培育壮秧

①种子处理。包括晒种、选种、浸种消毒和催芽。

晒种：在浸种前，选择晴暖天气晒种 2~3 d。将稻种平铺 8~10 cm，每天翻动 3~4 次，提高种子发芽势和发芽率。晒种时要摊薄，勤翻，晒透，使种子受光、受热均匀，防止搓伤种皮。

选种：采取相对密度为 1∶1.2 的盐水选种，即 50 kg 水加 10 kg 食盐。捞出稻秕后，再用清水冲洗 2~3 遍。

浸种消毒：北方地区春播稻浸种一般 3~4 d，温度在 12℃左右。种子吸水达种子重的 40%时即可发芽。在浸种的过程中加 1%的石灰水，'克瘟散'乳剂 500 倍液浸种 24 h，可达防病目的。

催芽：在 30~32℃条件下进行破胸，当 80%种子破胸时，将温度降到 25℃催芽，其间要经常翻动。当芽长 1 mm 时，降温至 15~20℃晾芽 6 h 后才可播种。

②播种。具体方法如下。

播种期：根据气温和品种熟期确定适宜的播种期，日平均气温稳定超过 5℃时即可播种。

播种方法：采用人工撒播或播种器播种。

播种量：每平方米播种 200~250 g，先播种子量的 2/3，再用剩余的 1/3 补播均匀。播种后用木板轻轻镇压，使种子与床土贴实。

覆土：用过筛、无草籽的肥沃土壤盖严种子，覆土厚度为 0.7~1.0 cm，不得露子或覆土过厚。

2. 水稻秧苗生理诊断

(1) 成秧率调查

调查成秧率应在栽秧前 1~2 d 进行。调查前先检查各秧厢秧苗生长是否一致，若比较一致，即可用三点或五点取样法取样；若秧厢间生长差异大，则应先按生长情况，将秧苗分为上、中、下 3 类，并算出各类所占比例，再在各类秧厢中取样 2~3 点，每个取样点面积为 20 cm×10 cm 或 20 cm×20 cm，取样时将各样点的秧苗及表层土壤一并取出，装入网袋内，用水洗去泥土，分别统计成秧苗数（大苗）、小苗（不及成秧苗高度 1/2 的小苗）数以及未出苗的种子数（要分清秧苗上脱落的谷壳及未出苗的种谷，以免混淆），最后计算成秧率。

$$成秧率(\%) = 成秧苗数 / [播种总粒数(成秧苗数+小苗数+未出苗种子数)] \times 100 \quad (6-1)$$

将所得结果填入表 6-1。

表 6-1 成秧率调查表

处理	大苗数	小苗数(缩脚苗)	未出苗种谷数	合计	成秧率(%)	备注
1						
2						
3						
⋮						

(2) 秧苗质量考察

①取样。从调查样品中每个品种任选成秧苗 50 株（或在秧田中随机取 50~100 株），按下列各项进行考察并填入表 6-2。或在移栽前 1~2 d，在秧田中五点取样，每点选择有代表性的秧苗 20 株，五点共取 100 株。洗净根部泥土，即可供室内进行鉴定。

表 6-2 水稻秧苗质量考察

株号	株高(cm)	叶龄	绿叶数	茎基宽(cm)	总根数	白根数	叶身与叶鞘长(cm)						叶片长/叶鞘长	鲜重(g)
							最上一叶		最下一叶		平均			
							叶身	叶鞘	叶身	叶鞘	叶身	叶鞘		
1														
2														
3														
⋮														

苗高(cm)：从发根处至最长叶叶尖的长度。

叶龄：根据水稻植株完全叶叶片数进行判定。

全株绿叶数：绿色叶片，不含未展开的心叶，叶片变黄部分超过全叶 1/2 以上者不计。

茎基宽(cm)：任取 30 株秧苗，每 10 株平放紧靠在一起，测量秧苗基部最宽处，取其平均值。

分蘖情况：分别计数每株分蘖数，求单株平均分蘖数和分蘖株的百分率，也可分别统计带不同分蘖秧苗的百分率。

$$\text{分蘖株}(\%) = \text{有分蘖秧苗数}/\text{秧苗总数} \tag{6-2}$$

总根数：分别计数一次根(胚根+不定根)的数量，根长不足 0.5 cm 者不计，求算每株平均总根数。

白根数：指从根基至根尖为白色的新鲜白根数量。

地上部鲜重(g)：随机取样 100 株，剪去根部，用吸水纸吸去叶面水分，然后称重。

【注意事项】

1. 晒种过程中，切忌在烈日下暴晒，以防晒伤种胚，影响发芽；晒种时要勤翻动，使种子干燥度一致。

2. 种子浸透标准：谷壳颜色变深，呈半透明状，胚乳变软，手碾成粉，没有生心，捏断米粒无响声。

【思考与作业】

1. 结合水稻种子处理与催芽过程，探讨水稻浸种的原理及影响因素。
2. 水稻育秧的基本要求有哪些？
3. 水稻种子怎样进行播前处理和催芽？
4. 根据成秧率调查结果，分析影响成秧率高低的原因。
5. 整理秧苗质量调查表，将调查结果填入作业表格中，并评定水稻秧苗素质，分析影响秧苗质量的原因。

实验 6-4　棉花育苗移栽技术

【实验目的】

1. 掌握棉花营养钵育苗、活格育苗和漂浮育苗技术，了解其优缺点。
2. 掌握棉花幼苗移栽的技术要点。

【内容与原理】

棉花育苗移栽是利用保护地栽培方法，将太阳能转化为热能，提高并控制环境的温度条件，延长有效开花期，实现多结铃、争高产。除传统营养钵育苗方法外，近 20 年来，进一步研究形成棉花轻简育苗移栽，包括活格育苗、漂浮育苗等方法。本实验的主要内容是采取营养钵育苗、活格育苗和漂浮育苗 3 种方式进行棉花育苗，并进行大田移栽。

1. 棉花育苗移栽的优缺点

棉花育苗移栽是先在苗床集中育苗,待棉苗生长一段时间形成一定的根系后,再移栽到大田。育苗是移栽棉花的主要环节。棉苗素质直接关系移栽到大田后的成活率以及整个生育进程的快慢。农谚说"好苗七分收,孬苗一半丢",可见苗好对高产栽培十分重要。

棉花育苗移栽最早是在苏联推广应用的一项农业技术。育苗移栽配合其他技术措施具有以下4个方面的优点。

①可以提早播种。由于季节的原因,前茬作物尚未充分成熟时,大田不能及时腾出。集中育苗,有利于提前播种并使前茬充分成熟,也可腾出时间做好大田整地等准备工作。

②可以培育壮苗。用含有丰富营养物质的土壤制钵及在苗床内多加一些肥料,都可以使棉花幼苗得到丰富的营养,从而生长健壮,根系发育良好。同时,集中育苗,管理方便。

③可以保证全苗。苗床方便进行精细管理,利于全苗、齐苗。

④节省种子用量。育苗出苗率较高,为杂种优势的利用提供保障。

育苗移栽的缺点主要是增加用工成本。

2. 棉花育苗移栽的方法

棉花育苗的主要方法有:

(1)营养钵育苗

营养钵是用堆肥或厩肥与普通的表土混合制钵。营养钵可以人工制钵和机器制钵。

营养钵育苗要切记"营养钵,泥巴坨,摔不烂,栽不活"。

(2)活格育苗

将质量很轻的基质营养土和棉种放入棉花活格育苗器的方格内制作成营养块,制作后在室内或大棚内多层放置育苗。

(3)漂浮育苗

棉花漂浮育苗采用聚苯乙烯泡沫塑料制成育苗盘,在育苗盘的孔穴中装入基质,将种子播在基质内,然后将育苗盘漂浮在装有营养液的育苗池中,完成整个育苗过程。它的基本原理是用基质代替土壤起固着幼苗根系的作用,并且由营养液代替土壤为棉花苗提供生长所需的养分和水分。

【材料与工具】

1. 实验材料

棉花种子、棉花漂浮育苗专用基质、苗肥、杀虫剂和杀菌剂。

2. 实验工具

光照培养箱、铁锹、小铲、漂浮育苗盘、活格育苗盘、塑料薄膜、竹片、喷水壶等。

【方法与步骤】

1. 育苗

(1)营养钵育苗

①种子提前催芽。用 70~80℃ 热水泡种 2 min,加冷水把水温降至 45℃,浸泡 3~4 h,

将种子用毛巾包好置于30℃培养箱7~8 h(实验前12 h做好催芽工作)。

②制钵。每组制钵100个并摆好，做到"上平下不平"，即摆放的钵上部一定要平，下部可以不平。

③播种。播未经催芽的种子，播种时注意尖端(子柄端)向下，盖土。

④浇水。水要一次浇足、浇透。

⑤盖膜。最好盖双膜(贴膜、拱膜)。

(2)活格育苗

①加水湿润基质，手能捏成团即可。

②各小组装一盘活格盘，盘穴装满即可，压实。

③取催芽种子，芽朝下播种。

④用基质覆盖种子。

⑤将活格盘置于土面上，其上盖膜。

⑥隔天观察出苗情况并记录观察结果。

(3)漂浮育苗

①加水湿润基质，手能捏成团即可。

②各小组装一盘漂浮育苗盘，盘穴装满即可，压实。

③取催芽种子，芽朝下播种。

④用基质覆盖种子。

⑤将漂浮育苗盘置于水面上，其上盖膜。漂浮池内装有苗肥营养液。

⑥隔天观察出苗情况并记录。

2. 移栽

(1)移栽时期

一年一熟栽培地区，一般气温稳定在17℃以上时为安全移栽期，一般在5月上旬进行，棉苗有4~5片真叶；间作套栽在5月上中旬进行，5月20日前结束；麦(油)后移栽要立足抢"早"字，力争5月底前结束。

(2)移栽密度

目前，南方地区栽植密度普遍偏小，一般每公顷栽植1.5万~1.95万株，而且有减少的趋势。棉花过稀虽有利于发挥个体优势，但群体优势不足，肥料利用率和光合效率相应降低，肥料投入加大，产量、效益降低。各地试验表明，应适当增大密度，根据肥力以每公顷1.95万~2.7万株为宜。

【注意事项】

1. 播种前要对种子进行催芽处理。

2. 营养钵育苗时需要注意进行害虫和病菌的防治。

3. 移栽打窝深度应略超营养块的高度，保证不露肩、不过深。根据苗的大小分级移栽，温度高、墒情不足时要浇足活棵水。

【思考与作业】

1. 如何确定移栽的最佳时期？移栽后的管理要点有哪些？

2. 通过实验，谈一谈3种育苗方法各有什么优缺点？如果有改进建议，请详细说明。

3. 在实验中，漂浮育苗和沽格育苗都用了催芽法，播种干种子是否可以？谈谈你的观点。

4. 拍摄整个实验过程，通过多媒体进行班级交流。

实验 6-5　棉花化学调控

【实验目的】

1. 了解棉花化学调控的基本原理。
2. 掌握棉花缩节胺调控、化学封顶、化学催熟与脱叶技术的基本方法。
3. 结合田间诊断和产量与品质测定，评价化学调控效果。

【内容与原理】

本实验的主要内容包括学习棉花缩节胺调控、化学封顶、化学催熟与脱叶技术。

作物化学调控技术是指应用植物生长调节剂，通过影响植物内源激素系统调节作物的生长发育过程，使其朝着人们预期的方向和程度发生变化的技术。

徒长、蕾铃脱落和晚熟是棉花生产中的几大难题，这是由棉花自身的无限生长习性决定的。为了更好解决这些问题，使用植物生长调节剂代替人工整枝等物理调控手段，能够大大提升了棉花产量和生产效率。

1. 生长调节剂的种类

棉花生产上应用的生长调节剂种类很多，有调节棉株生理功能、营养植株或催熟的作用，具体可分为以下几类。

（1）生理延缓型生长调节剂

这类生长调节剂能使棉株节间缩短，叶色变深，叶片变厚，株形紧凑，内围棉铃增多，蕾铃脱落减少，提早成熟，增加产量和提高品质；对棉叶的数量及棉株的顶端优势、叶原基分化的影响不明显；在生理性能上可提高叶绿素含量，叶绿素 a、叶绿素 b 都有所提高；能够降低气孔阻力，提高光合速率，使棉株根系磷酸化作用增强，增加棉仁中脂肪、全氮和氨基酸含量。

（2）脱叶催熟剂

催熟剂乙烯利的催熟作用是非常明显的，释放的乙烯能促进纤维素酶合成，越老的棉铃反应越快。喷药 10 d 后，棉株吐絮铃数明显增加。乙烯利对离体的青铃和烂铃也有催熟作用，还有抑制棉株生长、促进开花的作用。

（3）营养型生长调节剂

施用这类生长调节剂后，不仅具有与施肥相同的效果，使叶色变绿、叶质变厚，对营养器官生长有较强促进作用，还使体内各种酶的活性提高，加强光合性能，促进光合产物向果枝和蕾铃部位输送，促使棉株多现蕾、多结铃。如施用喷施宝，可使棉株粗壮、叶色变深、抗逆性增强，增产 10%~15%。

2. 生长调节剂的作用机制和效果

生理延缓型生长调节剂通过与受体结合，调节某些酶的活性，影响棉株内源激素的水平。有些植物生长调节剂本身就是某些酶的抑制剂。

催熟剂乙烯利进入植株体后释放乙烯，可提高许多酶的活性，特别是氧化酶的活性，还可以引起特定核酶的合成，在蛋白质合成水平上起作用。乙烯的受体通常认为是在膜上。

营养型生长调节剂不仅能够增加棉花所需养分，还能协调养分之间的平衡。其中的大量营养元素直接参与体内叶绿素、蛋白质、酶的组成；钼、锌、锰等元素是酶的活化剂，可提高细胞的代谢活性，增强棉花的光合能力。

【材料与工具】

1. 实验材料

苗情整齐、良好的棉田，面积不低于 360 m^2。缩节胺、氟节胺、乙烯利、噻苯隆等试剂。

2. 实验工具

天平、喷壶、尺子。

【方法与步骤】

1. 小区划分

将棉田划分为 12 个小区，每小区面积不低于 30 m^2。

2. 实验处理

设置 4 个实验处理，分别为：

①对照。以 CK 表示，喷施清水。

②缩节胺调控处理。以 T_1 表示，与苗期、蕾期、初花期和花铃期分别喷施浓度为 40 mg/L、70 mg/L、100 mg/L 和 120 mg/L 的缩节胺。

③缩节胺调控+氟节胺封顶。以 T_2 表示，在 T_1 处理的基础上于盛花期和间隔 20 d 后两次喷施氟节胺，浓度分别为 3 mL/L 和 4 mL/L 的 25%氟节胺乳油。

④缩节胺调控+氟节胺封顶+脱叶催熟。以 T_3 表示，在 T_2 处理的基础上于棉花吐絮率达 40%或上部棉铃铃期达到 35 d 以上时喷施乙烯利和噻苯隆，用量分别为 1000 g/hm^2 和 400 g/hm^2。

采用随机区组设计，每个处理 3 次重复。

3. 观测指标

①蕾期调查指标。株高(cm)，即主茎高度，为子叶节至顶端生长点的长度；茎粗(mm)，指子叶节与第 1 真叶节之间的茎最细部分的直径；主茎节间长度(cm)。

②吐絮期调查指标。果枝数，单株上所有果枝的数目为果枝数；蕾花铃脱落率；中部果枝节间长(cm)，选取 6~8 果枝，测定果枝节间长度；主茎节间长度(cm)。

③收获期考察指标。叶片脱落率、棉铃吐絮率、单株棉铃数、平均铃重、蕾花铃脱落率。

【注意事项】

1. 生长调节剂的喷施时间、剂量要严格控制。

2. 未喷施氟节胺进行化学封顶的处理要进行人工打顶作业。

【思考与作业】

1. 缩节胺和氟节胺为什么要在不同生育时期分次施用？
2. 简述棉花化学催熟和脱叶技术在生产中的意义。
3. 对各处理的产量构成、脱落率、株高、节间长度、吐絮率进行统计分析，评价不同处理对棉株形态和棉花产量的影响。

实验 6-6 大豆播种技术

【实验目的】

1. 了解我国不同地区的大豆轮作方式、整地方式、施肥措施和播种方法等。
2. 掌握小面积试验田的人工播种技术。

【内容与原理】

不同于大规模的田间生产，试验栽培大豆的小区面积通常较小，且常与其他作物间作、混作，无法开展全机械化作业，因此试验栽培大豆多采用人工播种的方式，以达到精确播种、定量施肥的目的。

1. 不同地区的主要轮作方式

（1）东北地区

春大豆—玉米—玉米；春大豆—春小麦—春小麦；春大豆—春小麦(亚麻)—玉米等。

（2）黄淮海地区

冬小麦—夏大豆—冬小麦；冬小麦—夏大豆—冬小麦—夏杂粮；冬小麦—夏大豆—冬闲后种植春玉米、高粱、棉花等轮作倒茬方式等。

（3）南方地区

冬小麦/油菜—夏大豆(一年两熟制)；冬小麦/油菜—早稻—秋大豆(一年三熟制)；冬小麦/油菜—春大豆—晚稻(一年三熟制)；春大豆—杂交水稻(一年两熟制)等。

2. 整地方式及标准

（1）平翻

多应用于北方一年一熟的春大豆区。麦茬实行伏翻，在 8 月翻完，耕深视土质决定；玉米茬、粟茬和高粱茬应进行秋翻，必须在结冰前完成，耕深一般在 20~25 cm。

（2）垄作

东北地区常用传统的耕作方法。耕翻后起垄，增温保墒。前茬为玉米、粟和高粱，以原垄越冬，在早春解冻前垄翻扣种。垄翻后及时镇压，防止跑墒。这一方式对垄向、垄距、垄幅、垄高有较为严格的要求。

（3）浅耕平播

东北春大豆区和黄淮海夏大豆区常采用浅耕平播的方式。该方式主要用于前茬为小麦的轮作中，主要特点是防止过多翻耕对土壤结构的破坏，并降低深耕机械作业的费用。

(4) 深松

在黑龙江机械化程度较高的农场，其大豆种植区80%以上采用这种整地方式。该方式能够打破平翻或垄作形成的犁地层，形成虚实并存的耕层结构。深松的同时还可以完成追肥、除草、培土等作业，有利于大豆标准化高效生产。

3. 施肥

(1) 基肥

大豆在生长过程中对氮、磷、钾元素的吸收一直持续到成熟期。增施有机肥作为基肥有助于植株生长发育和产量的提高，结合施加氮肥，可以促进土壤微生物繁殖。适宜的有机肥与氮肥比例是：1000∶3.5。

(2) 种肥

磷酸二铵是大豆种植较好的基肥，推荐用量120~150 kg/hm^2。在高寒地区、山区和春季低温的地区，可以施用适当的氮肥达到促进大豆苗期早发的目的，适宜的尿素用量52.5~60.0 kg/hm^2。对于缺少微量元素的土壤，可采用微量元素肥料拌种的方式实现元素补充。

(3) 追肥

大豆开花期追施氮肥是公认的增产措施，该措施于大豆开花初期或在最后一遍松土时进行，适宜的氮肥用量尿素30~75 kg/hm^{2}或硫酸铵60~150 kg/hm^2。为防止大豆鼓粒期脱肥，可在鼓粒初期追施叶面肥，具体所需元素和用量视实际需要而定。

4. 播种方法

(1) 播前准备

用于栽培的大豆种子要求纯度高于98%，发芽率高于85%，含水量低于13%，种子净度达98%以上。

(2) 播期确定

土壤温度、大豆生育期的长短和土壤墒情是确定大豆播期的关键因素。一般来说，南方地区春大豆一般在3月底、4月初进行播种，夏大豆一般在5月中旬至6月下旬进行播种。秋大豆的适宜播种期在7月下旬至8月上旬。

(3) 播种方法

实现大豆的高产栽培，必须进行等距播种，可以采用精量点播、垄上机械双条播、窄行平播等方法。播深3~5 cm。

(4) 种植密度

大豆种植密度视不同品种的株形而定。通常情况下，植株高大、分枝型品种应适当减小种植密度；而植株矮小，独秆型的品种适宜密植。

【材料与工具】

1. 实验材料

大豆种子、氮肥、磷肥、钾肥和有机肥等。

2. 实验工具

鸭嘴点播器、播种绳、插牌、卷尺等。

【方法与步骤】

1. 制定实验设计

根据实验区域气候环境和常见种植模式，选用当地推荐的优质大豆品种，制定科学合理的种植栽培模式，通过预设的株距、行距和种植密度（株/hm^2）计算小区面积（m^2），结合施肥量（kg/hm^2）确定小区实际施肥量，精确到每条大豆播种行的肥料用量。

2. 确定播期

当 5 cm 土层土壤温度稳定在 6~8℃，耕层土壤含水量在 20%，即可开始播种。墒情差，应抢墒播种；墒情好，可适当晚播。

3. 划定实验小区

根据实验地走向，初步确定小区排列及长宽方向。按小区面积用卷尺划定各小区边界，用插牌标记播种行。

4. 施肥播种

将播种绳沿播种行（小区长）固定在小区两端，按绳上播种点依次进行人工点播。为保证出苗率，每穴播种两粒种子。播种点的间隔即为株距。随后按行距逐行播种。

施肥可随播种同时进行或在播后统一完成。使用播种器将每行的肥料均匀的施在株间或株侧。

【注意事项】

1. 实验设计切忌盲目，要具有科学性和合理性。
2. 筛选健康的大豆种子，确保发芽率和出苗率。
3. 减少播种误差（深度和方向），以满足单株大豆的生长空间，构建合理的群体结构。
4. 均匀施肥，保障单株大豆对养分的需求。

【思考与作业】

1. 当墒情无法满足播种条件时，如何确定播期？
2. 除人工播种外，还有哪些大豆播种技术适用于小面积试验田？
3. 学习大豆人工播种技术并形成实验报告。

实验 6-7　油菜播种技术

【实验目的】

1. 了解油菜栽培技术。
2. 学习并掌握油菜整地、施肥、播种技术。

【内容与原理】

油菜是我国种植面积较大的油料作物。油菜种植有别于其他农作物，不仅不会使土壤养分流失，还能提高土壤肥力，用地养地。播种技术是油菜栽培过程中的关键一环。

本实验的主要内容包括学习油菜栽培土壤耕作整地技术，播种、育苗技术，查苗、补苗、间苗、定苗技术，以及化学调控、病虫草害防治技术。

【材料与工具】

1. 实验材料

试验田、油菜种子、化肥、农药。

2. 实验工具

播种机具等。

【方法与步骤】

1. 科学选种

选择颗粒饱满、无杂质、无病虫害的油菜种子。

2. 种子处理

（1）晒种洗种

播种前 3 d 对种子进行晾晒，去除其中杂质。经过阳光晾晒的种子可有效去除表面病菌。将晾晒后的油菜种子浸泡在 1% 的盐水中，浸泡量为每千克盐水中不超过 600 g 油菜种子为宜，在此期间进行人工搅拌，去除杂质、空壳和菌核，最后用清水洗净。

（2）浸种拌种

为预防油菜生长过程中被病虫害（如根肿病）侵染，可在播种前对种子进行药剂拌种，即每千克油菜种子用 40% 五氯硝基苯粉剂 5 g 拌种，也可以将每千克油菜种子浸泡到硼肥中 30~60 min，硼肥处理的种子，有发芽快和苗期生长快的特点，但是硼砂必须用 45~50℃ 温水彻底溶解后再浸种。

3. 整地施肥

（1）秋深翻整

春油菜一般在上一年秋季进行整地，深耕去除杂草，使深层土壤与表层土壤混合。深耕时施足底肥，以保证油菜健壮生长，秋季深翻后可根据土壤湿润度进行灌溉。

（2）春浅翻整

春季为减少油菜田杂草滋生，增强土壤通透性，可浅翻，使土壤更加疏松，促进土壤保墒。春翻作业在表土解冻后进行，并根据春季气候和土壤墒情合理进行灌溉。

（3）施足底肥

油菜播种前需施足底肥，以保障苗期的营养需要。一般施加腐熟的有机肥和复合肥，如每亩①施加腐熟的有机 1250 kg、碳酸氢铵 18~22 kg。钙镁磷复合肥 23~26 kg。在此基础上可根据土质情况适量施加氯化钾。

4. 科学播种

（1）田地要求

油菜田需要选择在土质肥沃、地势平坦、用水便利的区域，其发芽期的土壤温度需要超过 10℃，以保证正常抽苗。油菜开花期的环境温度要维持在 15~18℃，温度过低开花数

---

① 注：1 亩 ≈ 667 m²。

量少，温度过高容易分段结实，开花期适宜的土壤湿度为75%~85%，因此要保证土壤具有较好的排水性。

(2) 适时播种

油菜播种最晚为10月初，可根据气候环境和土壤墒情向后延迟。播种期间要保证土壤湿度，在施用适量农家肥或硼砂后即可播种，播种后覆盖一层草木灰可有效降低土传病害的发生率。

5. 合理密植

合理密植是油菜正常生长的保障。若种植太密会影响光照，排水不通会导致烂根；若种植疏松则会影响产量。适宜的油菜播种量为 4.5~6.0 kg/hm²，若土壤肥水条件好，播种量为 18.0 万~22.5 万株/hm²，行距和株距分别为 32~35 cm 和 11~14 cm。

6. 田间管理

(1) 育苗定苗

油菜长到3片真叶时定苗，密度为 18.0 万~22.5 万株/hm²，去除弱苗、病苗、杂苗。定苗后可喷洒多效唑稀释液(60 g 粉剂用 100 L 水稀释)，以降低苗期病害发生。

(2) 适时移栽

油菜一般在10月15~25日长出5~6片真叶时进行移栽，移栽前3 d 需要做好施肥和浇水管理，一般选用腐熟农家肥、氮磷钾和硼砂等肥料，并根据土壤湿度进行一次灌溉。移栽时要带土，这样油菜容易返青、发棵。油菜移栽量为 15 万~18 万株/hm²。

(3) 中耕除草

油菜移栽后7 d 需要查苗补缺，以保证油菜产量。油菜中耕次数为每年3~4次，以避免土壤板结，保证土壤墒情，尤其是秋末雨水过后，贵州等地的土壤易发生板结，出现透气性差、根系发展受阻。若及时中耕可以保证油菜水肥供应，去除杂草，增加生长空间，预防病虫害。中耕方法为前后期浅锄、中期深锄。

(4) 肥水管理

移栽7 d 后可以施提苗肥，即施尿素 30 kg/hm²+腐熟有机肥 9 t/hm²。油菜生长至12月下旬左右，施腐熟有机肥 12 t/hm²+土杂肥 22.5 t/hm²+草木灰 1.5~1.8 t/hm²。越冬前还要进行1次清沟排渍，以适当降低土壤湿度，降低油菜菌核病发生率。

(5) 预防早花早薹

油菜入冬前易出现早花早薹，为保证油菜正常开花，可用晚熟品种在9月下旬进行育苗移栽。若发生早花早薹，需及时摘除，施加适量氮肥(用量为 37.5 kg/hm²)催生分枝，摘薹应选在晴朗天气进行，以有利于油菜伤口愈合。

7. 病虫害防治

(1) 菌核病

①化学防治。在油菜开花结荚期间，喷洒40%纹枯利可湿性粉剂1500倍液 34.5 kg/hm²。每8 d 喷洒1次，连续防治3次。

②生物防治。在培养基质中加入寄生真菌，尤其是红蛋巢菌，可有效预防菌核病。

(2) 霜霉病

①农业防治。与禾本科作物进行轮作或播种前用10%盐水浸泡种子。

②化学防治。在油菜初花期喷洒代森锌 500 倍液 2.25~3.00 kg/hm²。每 8 d 喷洒 1 次,连续防治 3 次。

(3)蚜虫

①化学防治。在苗期喷洒 40%水胺硫磷乳油 1500 倍液 750 kg/hm²。每 8 d 喷洒 1 次,连续防治 3 次。

②物理防治。用黄板诱杀蚜虫或铺设银灰色的薄膜。

8. 适时收获

油菜收获时间一般在终花后 29~31 d,油菜角果 1/3 呈绿色,2/3 呈黄色时进行收获。若收获推迟,油菜角果过于成熟,角果裂开,油菜籽随地散落;若收获过早,角果发育不成熟,影响千粒重和油菜产量。油菜收获期短,必须在晴朗天气做好抢收工作。

【注意事项】

1. 进行操作时要注意安全。
2. 做完所有实验,将所有实验器材归位。

【思考与作业】

1. 可以通过哪些方式实现油菜高产栽培?
2. 查阅资料,了解油菜的机械播种,分析播种方式间的区别和应用范围。
3. 查阅资料,简述春油菜和冬油菜播种技术上的区别。

实验 6-8　马铃薯催芽与播种技术

【实验目的】

1. 了解马铃薯催芽技术。
2. 学习并掌握马铃薯播种技术。

【内容与原理】

本实验的主要内容是学习马铃薯的催芽和播种技术。

马铃薯是我国第四大主粮作物,其产量稳定性对国家粮食安全具有重要作用,而催芽及播种技术是马铃薯栽培过程中的关键一环。

【材料与工具】

1. 实验材料

试验田、马铃薯种子、化肥、农药。

2. 实验工具

喷壶、播种机具等。

【方法与步骤】

1. 马铃薯播前催芽

(1)选择良种

选择结薯早、块茎膨大快、休眠期短、高产优质、抗病性强、早熟的马铃薯品种,如

'荷兰 7 号''荷兰 15 号''费乌瑞它''早大白'等。一定要购买经过认证的脱毒种薯，切忌把商品薯当作种薯播种。

（2）晒种醒薯

种薯经过长时间冷库贮存，体内温度较低，处于休眠状态，不能立即增温催芽，应先晒种醒薯，以打破其休眠。方法：在晴天将挑好的种薯放在气温 12~15℃阳光下晾晒，解除休眠。每天翻一次，使马铃薯均匀见光，同时剔除病、烂、畸形、冻伤薯。

（3）细致切块

醒薯 3~4 d 后进行切块。切块时，每人准备两把切刀，并浸泡在 75%的乙醇溶液或 0.5%的高锰酸钾溶液中消毒备用。每切完一个种薯，换一次切刀，尤其是切到病、烂薯，要把切刀放入消毒液中浸泡，同时剔除病、烂薯，换另一把切刀继续切块。由于尾芽成株后较顶芽或侧芽产量低，所以切块时应先切除尾芽。薯块要多带薯肉，每块不低于 25 g，50~100 g 的种薯从底部纵切成 3~4 块，种薯过大时按芽眼排列从底部开始螺旋式斜切，每块尽量带种薯中部的芽眼，每个薯块带 1~2 个壮芽。

（4）杀菌催芽

每 150 kg 种薯块用滑石粉 3 kg、72%农用链霉素可溶性粉剂 125 g，70%甲基硫菌灵可湿性粉剂 125 g 混合搅拌后均匀撒到晾好的薯块上。再用潮湿的布料盖住，放入环境温度 15~18℃、空气相对湿度 85%的室内催芽。要经常检查温湿度，每 4~5 d 检查 1 次发芽情况，发现烂薯应及时挑出。当芽长到 0.5~1.0 cm 时，放在散射光下均匀晾晒，待芽变成浓绿色后即可适时播种。

（5）暖种催芽

在较温暖的室内或大棚内（18~20℃），地上铺垫 10 cm 左右的湿润沙土或疏松细土，将种薯摊成薄薄的一层，上盖 5 cm 左右过筛的沙土或细土，用喷壶喷水湿润土壤（以半湿状态、手握刚刚成团为宜）。若温度低于 18℃，可覆盖稻草、麦秆、草帘进行保温催芽。

（6）降温壮芽

等幼芽长出 3 mm 左右，去除覆盖物和土，使种薯适当降温（12~15℃左右）或移至温度较低处，逐渐暴露在散射光下壮芽。块茎堆放以 1~2 层为宜，不要太厚，需经常翻动，以使每个块茎充分见光，发芽均匀粗壮，避免下层薯块芽太长。若种薯在贮藏过程中已发芽，应将种薯放在散射光下壮芽。

2. 马铃薯播种

（1）整地开沟

马铃薯播种前要检查土地墒情，若墒情不好，可考虑开沟造墒。造墒宜选在播种前 7~10 d。

（2）沟垄种植

及时覆土，起垄，垄高不低于 12cm，垄面要平整，以利于覆盖地膜。沟垄种植分为垄作单行种植和大垄双行种植，播种密度均为 6.75 万~7.50 万株/hm^2。单行种植一般垄宽 20~25 cm，垄高 15~20 cm，行距 65~70 cm，株距 20~25 cm；大垄双行种植垄宽 40~45 cm，垄高 12~15 cm，大行距 70 cm，小行距 25~30 cm，株距 25 cm。播种后从大行内两边取土将马铃薯沟及小行的空间盖好，加微膜盖严压实。

(3) 适时播种

春分到清明为播种最佳期，脱毒马铃薯可提前早播，春分前播完，株距可控制在 20 cm。化肥可在整地时撒入，撒在沟内时注意不能与种块直接接触。播种时，种块置入沟内的方法有两种：一是种芽朝下，此法长出的马铃薯根长苗壮，马铃薯少但块大，但苗晚 2~3 d；二是种芽朝上，长出的马铃薯根相对较短，马铃薯个小但多，出苗早 2~3 d。

(4) 合理施肥

马铃薯喜施用农家肥，每公顷以 30~37.5 t 为宜，适当施用化肥时要氮、磷、钾配合使用。马铃薯对钾需求量大，较合理的氮、磷、钾肥配施比例为 1.85∶1∶2.1。马铃薯喜铵态氮，对硫的吸收也较多，每增施 1 kg 硫酸钾肥，可增产马铃薯 100~150 kg。

(5) 苗期管理

清明后，播种后 20 d 左右，即有苗露土，此时可在苗处将微膜抠破放风，以防蒸苗。待苗长到 10 cm 高时，将苗周围的膜用土压严，以保水压草。马铃薯生长的前期不宜浇水，待见花后再补水。若天旱无雨，可适当补灌。苗期防蚜虫或蓟马等虫害。

【注意事项】

1. 马铃薯播前催芽注意事项

①不能将种薯尤其是药剂拌过的种薯直接放在太阳光下。

②小心处理种薯，轻拿轻放，防止断芽。拌好药粉的芽块装袋，垛在保温且通风的地方，应该随切随拌随播种，堆积时间不要太长。

③切后堆放几天后播种，往往造成芽块垛内发热，使幼芽伤热影响出苗。

④在催芽过程中如覆盖沙土或细土变干可用喷壶喷水。要防雨、防晒，防止催芽种薯腐烂或芽尖干枯。

⑤要注意避免霜冻，气温低时要注意防冻。

2. 马铃薯播种技术注意事项

①割块方法不当。在切薯块时往往存在 3 个误区：一是认为薯块切得越大越好；二是怕伤芽把芽眼留在薯块中间；三是切成薄片状。在切块时应掌握：每个薯块重 35~50 g，紧靠芽眼边缘，将薯块切成三角形，每块要保证有 1~2 个芽眼。切薯块时要注意两点：一是切到病种薯时要剔除，切刀要用 15% 乙醇溶液浸泡后再切另一薯块；二是要把前尖芽和后腚芽分别存放、分别播种，以利出苗整齐一致。

②施肥不当。马铃薯喜钾，忌氯化物。生产中存在着怕跑秧、施肥不足、偏施过量氮肥、追肥过晚等问题。马铃薯以钾需求量最多，其次为氮素，需磷较少。播种时开沟深度 15 cm 左右，要避免追肥时间过迟、偏施过量碳酸氢铵等氮素化肥，忌用氯化钾等含氯化肥。

③深耕细作，适墒播种。播种时土壤墒情要好。马铃薯喜欢肥厚疏松的土壤，有利于薯块膨大，要利用机械深耕 25 cm 左右，耙平、盖实。

④播种期太晚。生产中普遍存在怕播种早冻坏种薯而推迟播种期的情况，使结薯期遇到高温阶段，影响薯块膨大，造成人为减产。马铃薯植株生长最适宜的温度为 21℃ 左右，

开花期最适宜温度为15~17℃，块茎生长发育最适温度为17~19℃，温度低于2℃或高于29℃块茎将停止生长。

【思考与作业】

1. 谈一谈可以通过哪些方式实现马铃薯高产栽培。
2. 查阅资料，了解马铃薯的机械播种，分析播种方式间的区别和应用范围。

实验6-9　油用亚麻播种技术

【实验目的】

1. 掌握旱地油用亚麻(胡麻)的播种技术。
2. 熟悉水地胡麻的种植技术。

【内容与原理】

选择适宜的播种技术是胡麻高产的主要措施之一。播种技术的选择要依据地势及栽培条件而确定。播种之前首先要根据当地的气候条件选择并确定优良胡麻品种，并依据土壤质地、养分状况、墒情、耕作措施及栽培管理技术因地制宜地确定适宜的播种量和播种方法，保证单位面积的出苗率。

1. 播前准备

(1) 选地与整地

种植胡麻应选择地势平坦、土层深厚、土质疏松、肥力中上并且相对潮湿或排灌条件较好的地块，以有利于抗旱保苗和防止受涝灾的影响。应以玉米、大豆等作物换茬。胡麻种子小，萌发时顶土能力弱，在播种前必须精细整地，除净杂草和残留作物秸秆，使土壤表层疏松细碎。

(2) 选用良种

良种是作物增产的首要条件。目前生产上使用的胡麻品种较多，应根据试验目的及要求选择高产、优质、抗逆性强的优良品种。播种用的种子，要选用纯净、饱满、有光泽、无病虫害的种子。为防止种子带菌，播前要进行种子处理，可选用种量0.3%的炭疽美或多菌灵拌种，防止减缓病害发生和蔓延。

(3) 确定播种量及播种方法

根据目前生产水平，胡麻露地种植时，山旱地播种量为37.5~52.5 kg/hm²，每公顷保225万~300万株；阴坡地播种量为52.5~67.5 kg/hm²，保苗375万~525万株/hm²；水地播种量为75~90 kg/hm²，保苗525万~750万株/hm²。播种可采用条播机进行条播，也可采用宽幅精量播种机进行宽幅匀播。

胡麻地膜覆盖种植技术一般在旱作农业区应用较多。若应用残膜种植，播种量为60~75 kg/hm²，保苗570万~715万株/hm²；若选择当年覆新膜种植，播种量为65~80 kg/hm²，种植密度为600万~750万株/hm²。采用穴播机进行膜上穴播，穴距8~10 cm，行距15 cm，每穴播种子10~12粒，播深2~3 cm。

2. 适期播种

胡麻的播种期应结合当地的气候条件、耕作条件、耕作制度、品种特性合理安排。一般，当 5 cm 土层地温达 5~9℃时，是胡麻的播种适期。我国胡麻种植区的适宜播种期一般在 3 月中下旬至 4 月上旬。在播种适期内适当早播有利于充分利用春季土壤墒情，保证全苗，延长胡麻生育期，增加分枝，提高籽粒产量和含油率。

【材料与工具】

1. 实验材料

胡麻种子、玉米种子、大豆种子、地膜、尿素、过磷酸钙、硫酸钾、炭疽美或多菌灵农药等。

2. 实验工具

深松机、条播机(穴播机、宽幅精量播种机)、耱或耙子等。

【方法与步骤】

1. 旱地胡麻播种技术

(1) 露地播种

采用条播机进行条播，胡麻幅宽 5 cm，行距 15~20 cm，播深 2~3 cm。基施氮肥 75 kg N/hm^2、磷肥 112.5 kg P$_2$O$_5$/hm^2、钾肥 52.5 kg K$_2$O/hm^2，现蕾期随降雨追施氮肥 75 kg N/hm^2。

(2) 宽幅匀播

采用宽幅精量播种机条播(图 6-1)，胡麻幅宽 10 cm，行距 15~20 cm，播深 2~3 cm。基施氮肥 75 kg N/hm^2、磷肥 112.5 kg P$_2$O$_5$/hm^2、钾肥 52.5 kg K$_2$O/hm^2，现蕾期随降雨追施氮肥 75 kg N/hm^2。

(3) 地膜覆盖栽培

若为残膜种植，在上年全膜双垄沟播玉米收获后保护地膜，以草木灰或砂土覆盖破损处，冬季避免牲畜践踏和人为损坏地膜，于翌年春天免耕直接播种胡麻(图 6-2)。若为当年覆新膜种植，基施氮肥 75 kg N/hm^2、磷肥 112.5 kg P$_2$O$_5$/hm^2、钾肥 52.5 kg K$_2$O/hm^2，现蕾期随降雨追施氮肥 75 kg N/hm^2。覆膜后直接在膜上种植胡麻，采用穴播机进行穴播，穴距 8~10 cm，每穴播种子 8~9 粒，播深 2~3 cm。

图 6-1 旱地胡麻宽幅匀播

图 6-2 旱地油用亚麻残膜穴播技术

2. 水地胡麻播种技术

(1) 单作

采用条播机进行条播，胡麻幅宽 5 cm，行距为 15~20 cm，播深 2~3 cm。基施氮肥 75 kg N/hm^2、磷肥 112.5 kg P$_2$O$_5$/hm^2、钾肥 52.5 kg K$_2$O/hm^2，现蕾期和青果期随灌水各追施氮肥 37.5 kg N/hm^2。

(2) 间作

胡麻—玉米间作模式中(图 6-3)，带宽 150 cm，胡麻种 6 行，幅宽 100 cm，行距 20 cm，播种量 75~90 kg/hm^2，保苗 525 万~750 万株/hm^2；玉米种 2 行，行距 30 cm，株距 15 cm。基施氮肥 75 kg N/hm^2、磷肥 112.5 kg P$_2$O$_5$/hm^2、钾肥 52.5 kg K$_2$O/hm^2，现蕾期和青果期随灌水各追施氮肥 37.5 kg N/hm^2。

胡麻—大豆间作模式中(图 6-4)，带宽 120 cm，胡麻种 4 行，幅宽 60 cm，行距 20 cm，保苗 525 万~750 万株/hm^2，大豆种 2 行，行距 30 cm，株距 15 cm。基施氮肥 60 kg N/hm^2、磷肥 112.5 kg P$_2$O$_5$/hm^2、钾肥 52.5 kg K$_2$O/hm^2，现蕾期和青果期随灌水各追施氮肥 30 kg N/hm^2。

图 6-3 胡麻—玉米间作

图 6-4 胡麻—大豆间作

【注意事项】

按期播种，播种深度视土壤墒情适当调整。

【思考与作业】

1. 分析比较旱地胡麻与水地胡麻在播种技术上有何差别，为什么？
2. 选择 1~2 种胡麻播种技术在田间进行实地操作。
3. 胡麻出苗后调查田间出苗率。

参 考 文 献

奥托·威廉·汤姆，2012. 奥托手绘彩色植物图谱[M]. 北京：北京大学出版社.
曹宏，马生发，2018. 作物栽培学实验实训[M]. 北京：中国农业科学技术出版社.
曹卫星，2018. 作物栽培学总论[M]. 3版. 北京：科学出版社.
陈灿，2017. 作物学实验技术[M]. 长沙：湖南科技出版社.
陈德华，2022. 作物栽培学研究实验法[M]. 北京：科学出版社.
陈国珍，2012. 稻麦幼穗分化发育图谱[M]. 广州：广东高等教育出版社.
董树亭，张吉旺，2018. 作物栽培学概论[M]. 2版. 北京：中国农业出版社.
董钻，王术，2018. 作物栽培学总论[M]. 3版. 北京：中国农业出版社.
段碧华，2013. 中国主要杂粮作物栽培[M]. 北京：中国农业科学技术出版社.
谷淑波，宋雪皎，2021. 作物栽培生理实验指导[M]. 北京：中国农业出版社.
官春云，2011. 现代作物栽培学[M]. 北京：高等教育出版社.
胡立勇，丁艳锋，2019. 作物栽培学[M]. 2版. 北京：高等教育出版社.
胡适宜，2016. 植物结构图谱[M]. 北京：高等教育出版社.
胡廷积，2014. 小麦生态栽培[M]. 北京：科学出版社.
黄高宝，柴强，2012. 作物生产实验实习指导[M]. 北京：化学工业出版社.
李刚华，陈琳，王友华，2021. 作物生理生态学实验[M]. 北京：科学出版社.
刘鹏，2022. 作物生产学实验[M]. 北京：中国农业出版社.
马占龙，2018. 作物栽培学实验实训[M]. 北京：中国农业科学技术出版社.
宋碧，2020. 作物栽培学与耕作学实验指导[M]. 贵阳：贵州大学出版社.
唐湘如，2014. 作物栽培学[M]. 广州：广东高等教育出版社.
唐湘如，2021. 作物栽培与生理实验指导[M]. 广州：广东高等教育出版社.
王建林，2014. 作物学实验实习指导[M]. 北京：中国农业大学出版社.
王润梅，2021. 小杂粮生产性实验实训[M]. 北京：科学出版社.
于振文，2021. 作物栽培学各论（北方本）[M]. 3版. 北京：中国农业出版社.
于振文，李雁鸣，2010. 作物栽培学实验指导[M]. 北京：中国农业出版社.
袁隆平，2021. 超级杂交水稻育种栽培学[M]. 湖南：湖南科技出版社.
张国平，周伟军，2016. 作物栽培学[M]. 2版. 杭州：浙江大学出版社.
张守林，2022. 玉米栽培与植保技术精编[M]. 北京：中国农业出版社.
中国农业百科全书总编辑委员会生物学卷编辑委员会，1991. 中国农业百科全书[M]. 北京：中国农业出版社.
中国农业科学院棉花研究所，2019. 中国棉花栽培学[M]. 上海：上海科学技术出版社.